Udo Kandler

Eisenbahn-Reviere Oberpfalz

PN
WIESMÜHLE
TEPPICHLAGER

Udo Kandler

EISENBAHN-REVIERE

Oberpfalz

transpress

An die vielen Streckenstillegungen in der Oberpfalz möge auch das Titelbild erinnern. Wenige Tage vor der „Angebotsumstellung“ kam am 16. September 1987 der N 6487 nach Beilngries bei Plankstetten gefahren – längst ist die Nebenbahn von der Landkarte verschwunden.

Alle nicht näher gekennzeichneten Fotos stammen vom Autor bzw. aus dessen Sammlung (Seiten 13–19 und 33–35).

Kandler, Udo:
Eisenbahn-Reviere Oberpfalz. – 1. Aufl.
Berlin: Transpress 1994. – 144 S.;
156 Abb. (davon 25 farbig)

ISBN 3-344-70909-7

1. Auflage

Borkumstr. 2, 13189 Berlin
Printed in Germany
Lektor: Dr. Rolf Neustädt
Einbandgestaltung: Jürgen Schumann
Typografie: Regine Bach
Satz: Satzstudio MediaSoft, Berlin
Druck: Maisch + Queck, Gerlingen
Bindung: E. Riethmüller, Stuttgart

Vorwort

Als nordöstlicher Landstrich Bayerns gehört die Oberpfalz zu den weniger bekannten Regionen im Freistaat. Zu sehr wird unser südlichstes Bundesland mit Oberbayern, Alpen, Allgäu und dem Bayerischen Wald gleichgesetzt. Daß die Oberpfalz mit dem Oberpfälzer Wald, der Oberpfälzer Alb, den Flußlandschaften an Naab, Regen, Pfreimd und Vils zu den nicht weniger ansehnlichen Gebieten in Bayern zählt und durch eine ausgesprochen vielschichtige Landschaft besticht, das ist offenbar vielen bisher entgangen. Abseits der großen Touristenströme konnte sich so die Region einiges von ihrer Ursprünglichkeit bewahren.

Leider trifft dies auf die Eisenbahn nicht mehr uneigeschränkt zu. Aufgrund der bis auf wenige Standorte ausgesprochen ländlich strukturierten Oberpfalz hat sich die Eisenbahn aus der Fläche beinahe gänzlich zurückgezogen. Wurde das Geschehen einmal wesentlich vom Nebenbahnbetrieb bestimmt, ist von dieser Herrlichkeit so gut wie nichts mehr übriggeblieben. Gerade mal eine Nebenbahn wird derzeit noch im Personenverkehr bedient; kaum besser ist es um den Nebenbahn-Güterzugdienst bestellt.

Ebenso haben viele traditionelle Einrichtungen wie die Bahnbetriebswerke in Schwandorf, Weiden und Kirchenlaibach ausgedient. Ganz zu schweigen von den kleinen Unterwegsstationen und Schrankenposten, die fast unmerklich entlang den Hauptbahnen dem Fortschritt weichen mußten. Vieles, was vor gut einem Jahrzehnt noch zur Normalität des Betriebsalltags gehörte, zählt längst zur Historie.

Trotz allem ist die Oberpfalz nach wie vor eine Bahnreise wert. Bis heute bietet die vorherrschende Dieseltraktion inmitten der reizvollen Landschaft reichlich Abwechslung. Gerade durch die verstärkte Präsenz der „Neuen Bahn“, und hier insbesondere durch den Einsatz des „Pendolino“, hat die Eisenbahn deutlich an Attraktivität gewonnen.

Begleiten Sie uns nun auf der Basis geschichtlichen Grundwissens entlang den Hauptrouten durch einen weniger bekannten Flecken Bayerns …

Udo Kandler

Inhalt

1 Zur Geschichte der Eisenbahn in der Oberpfalz 8

Ein reges Interesse an der Eisenbahn 10
Die Gründung der Ostbahn-Gesellschaft 13
Paul von Denis wird Bau- und Betriebsdirektor der Ostbahn 14
Erste Verbindung durch die Oberpfalz 15
Die positive Bilanz der Ostbahn 16
Bahnknotenpunkte in Schwandorf und Weiden 18
Die Verstaatlichung der Ostbahn 24
Das bayerische Lokalbahngesetz 24
Der Streckenbau nach der Jahrhundertwende 28
Die letzten Lokalbahnen entstehen 30

2 Bürgerprotest aus Rötz – das Schicksal einer Nebenbahn 31

3 Aus der Frankenmetropole ins bayerisch-böhmische Grenzland 36

Die Nebenbahnen um Amberg 44
Der Abzweigbahnhof Bodenwöhr Nord 53
Von Cham in den Oberpfälzer und Bayerischen Wald 58

4 Elektrisch nach Regensburg 73

Die Überquerung der Oberpfälzer Alb 74
Von Neumarkt an die Altmühl 74

5 Die Hauptbahn durch die Oberpfalz 80

Von Regensburg in den vorderen Bayerischen Wald 84
Von der Naab in den Oberpfälzer Wald 93
Die längste Nebenbahn der Oberpfalz 105
Die in Wiesau abzweigenden Nebenbahnen 107

6 **Rundreise durch die nördliche Oberpfalz** 113

Westeuropas größter Truppenübungsplatz 115
Neukirchen ist erreicht 117
Knotenbahnhof Kirchenlaibach 118

7 **Triebfahrzeugeinsätze in der Oberpfalz** 129

Die Bahnbetriebswerke Schwandorf und Weiden 129
Schienenbusse und V 100 als Vorboten des Strukturwandels 131
Die Dampflokära geht zu Ende 132
Die BD Regensburg wird aufgelöst 134
Der Einsatz der DR-Baureihe 132 (232) 134

8 **Eröffnungs- und Stillegungsdaten der Eisenbahnlinien in der Oberpfalz auf einen Blick** 136

9 **Empfehlenswerte Fotostandpunkte** 140

10 **Quellenhinweise** 144

1 Zur Geschichte der Eisenbahn in der Oberpfalz

Kaum daß die „Königlich privilegierte Ludwigs-Eisenbahn“ an dem denkwürdigen Montag des 7. Dezember 1835 den ersten Zug von Nürnberg nach Fürth auf Reisen schickte, stand der Eisenbahn eine verheißungsvolle Zukunft bevor. Schon bald wurde sie zum Wegbereiter der Industrialisierung in Deutschland. Als erste Fernbahn schuf die „Leipzig-Dresdener Eisenbahn-Compagnie“ bis 7. April 1839 die Verbindung zwischen Leipzig und Dresden. Innerhalb kurzer Zeit waren die bedeutenden Wirtschaftszentren miteinander verbunden. Die rasante Entwicklung ließ bald auch die Regionen abseits der großen Verkehrsströme auf einen Anschluß an das stetig wachsende Schienennetz hoffen.

Wie vielerorts entwickelte sich auch in der im Nordosten Bayerns gelegenen Oberpfalz schon frühzeitig ein reges Interesse an dem neuen Verkehrsträger. Erste Vorschläge zum Bau unterschiedlicher Bahnlinien – etwa von Regensburg über Schmidmühlen nach Nürnberg oder aber über Amberg und Bayreuth nach Hof – gehen auf das Jahr 1836 zurück. Aufgrund des in Ausführung begriffenen Ludwigskanals zwischen Main und Donau von Bamberg über Erlangen, Nürnberg, Neumarkt, Beilngries nach Kelheim wurden entsprechende Bittgesuche jedoch ohne nähere Prüfung abschlägig beanwortet. In dem mit staatlichen Mitteln finanzierten Kanalbau sah man zunächst das vordringlichere Verkehrsbauvorhaben. Unter Vorsitz des Regensburger Bürgermeisters Gottlieb Frhr. von Thon-Dittmer versuchte das „Provisorische Comité zur Errichtung einer Eisenbahn“, durch ein entsprechendes Gesuch am 23. Juni 1838 einen neuerlichen Vorstoß zur Realisierung einer Bahn von Regensburg nach Nürnberg. Wieder machte die Regierung ihre ablehnende Haltung deutlich. Am 18. März 1841 war es dann der oberpfälzische Landrat, der nun ein derartiges Projekt gegenüber den Entscheidungsträgern durchsetzen wollte. Um das Vorgehen des Landrats zu unterstützen, schloß sich am 8. Juni des Jahres die Stadt Amberg ganz formell dem Gesuch an.

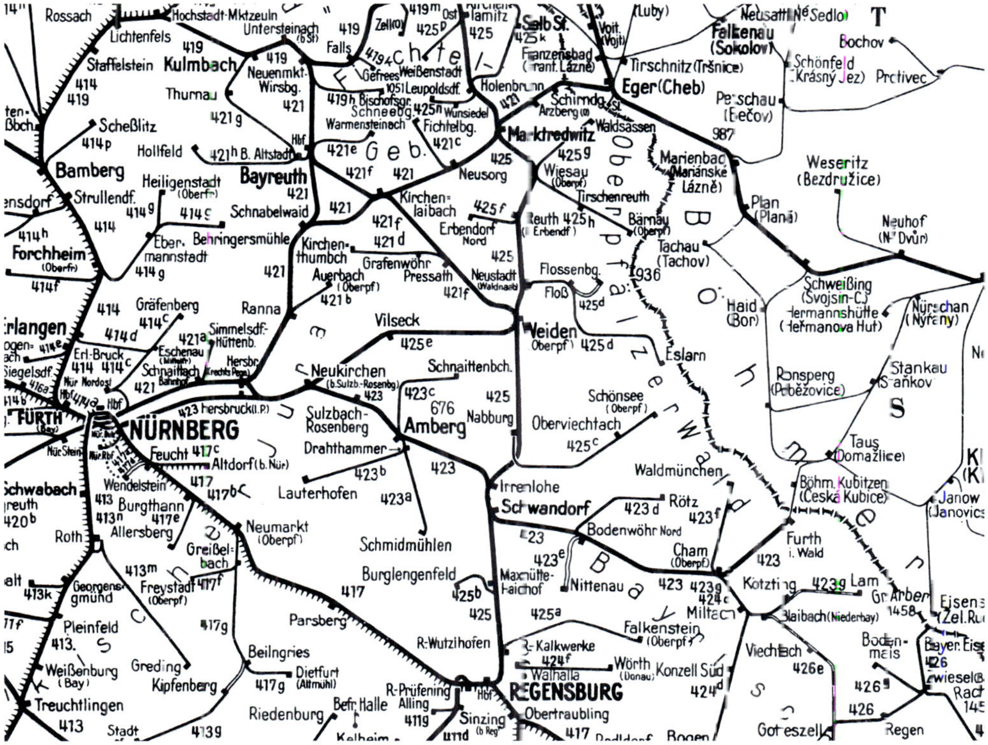

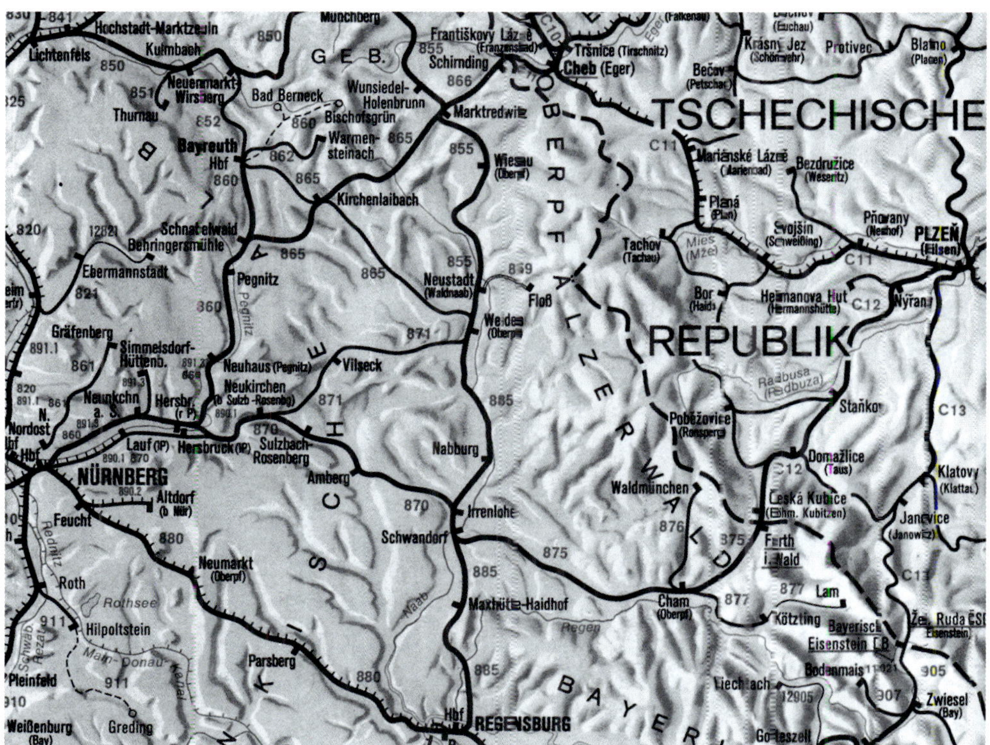

Vergleicht man die Kursbuch-Übersichtskarten von 1959 und 1993, sprechen die freien Flächen zwischen den verbliebenen Hauptbahnen für sich.

Ein reges Interesse an der Eisenbahn

Allmählich zogen die Bestrebungen um den Bahnbau in der Oberpfalz immer größere Kreise. Aus dem oberfränkischen Bayreuth beispielsweise kam bis 1845 ein durch den Sektionsingenieur Nägele ausgearbeiteter Entwurf mit einer vorgesehenen Trasse von Bayreuth über Kirchenlaibach–Grafenwöhr–Vilseck nach Amberg, von wo es weiter entlang der Vils und Naab nach Regensburg gehen sollte. Längst sprach man auch über eine Verbindung ins Böhmische auf Pilsen zu. Hier hatte Nägele drei Varianten vorgeschlagen: Grafenwöhr–Vohenstrauß–Waidhaus–Pilsen, Regensburg–Nittenau–Roding–Cham–Pilsen und Amberg–Schwarzenfeld–Neunburg vorm Wald–Rötz–Waldmünchen–Pilsen. Die Pläne Nägeles kollidierten jedoch mit den in Nürnberger Kreisen vertretenen Vorstellungen einer Verbindung nach Regensburg bzw. zur bayerisch-böhmischen Grenze. Als weitere Gemeinde trat die Stadt Sulzbach in der Eisenbahnfrage hervor und schlug die Linie Nürnberg–Hersbruck–Sulzbach–Amberg–Schwandorf–Burglengenfeld–Regensburg vor. Als Wegbereiter zur Gesundung des arg geschundenen Industriestandorts Oberpfalz kam dieser Vorschlag den wirtschaftlichen Interessen am nächsten, war doch durch eine derartige Trassenvariante die mögliche Anbindung wichtiger Rohstofflager in der Region möglich. Angesichts der recht guten Voraussetzungen durch die ergiebigen Eisenerzvorkommen war hier die Möglichkeit gegeben, nicht nur eine Verbindung zwischen den beiden Städten Nürnberg und Regensburg zu schaffen, sondern zugleich einer der ärmsten Provinzen Bayerns, die einmal als das „Ruhrgebiet des Mittelalters“ galt, durch den Eisenbahnbau eine wirtschaftliche Gesundung zu ermöglichen. In Sulzbach und Amberg lagen seinerzeit zwei der drei größten oberpfälzischen Erzgruben. Durch den Anschluß nach Böhmen könne man aus dem Kohlerevier um Nituna und Merklin Kohle zur Koksgewinnung kostengünstig in großen Mengen herbeischaffen, womit ein wirtschaftliches Verhütten der heimischen Erze im großen Umfang gewährleistet sei.

Daß in den vierziger Jahren trotz zahlreicher ernstzunehmender Initiativen kein Durchbruch in der Eisenbahnfrage erzielt wurde, lag wohl in erster Linie an der in jener Zeit um sich greifenden Geldknappheit. Im März 1848 wurde Deutschland zudem von einer erfolglosen Revolution heimgesucht; für neue Bahnbauprojekte waren die Voraussetzungen denkbar ungünstig. Jedoch kaum daß die politischen Verhältnisse wieder halbwegs geordnet waren, kam die Oberpfalz der Eisenbahn einen deutlichen Schritt näher. Am 4. Mai 1851 wurde zunächst der Bau einer Staatsbahn von Nürnberg über Amberg nach Regensburg gesetzlich fixiert. Dennoch war es bis zum ersten Spatenstich noch ein weiter Weg. Nun galt es erst einmal, alle Eingaben zu sondieren und mit den beteiligten Interessengruppen Einigkeit hinsichtlich einer definitiven Trassenführung herzustellen.

Inzwischen hatte sich auch die Handelskammer zu Passau mit einer Denkschrift zu Wort gemeldet, um auf eine Verlängerung über Regensburg hinaus entlang der Donau bis Passau hinzuwirken, wo gleichzeitig der Übergang auf das österreichische Schienennetz ermöglicht werden sollte. Ein am 21. Juni 1851 geschlossener Staatsvertrag zwischen Bayern und Österreich regelte den Bahnanschluß bei Passau sowie weitere in Salzburg und Kufstein. Für die Planung und Ausarbeitung des Schienennetzes in der Oberpfalz und in Niederbayern bewilligte das zuständige Staatsministerium der Eisenbahnbau-Kommission Ende 1851 Mittel in Höhe von 175 000 Gulden.

Während die Trassierung zwischen Nürnberg und Amberg weitgehend feststand, war über den weiteren Streckenverlauf nach Regensburg noch

Mit vereinten Kräften befördern die 19 001 (Bw Reichenbach) und die 02 002 (Bw Hof) am 2. Juli 1934 den P 850 im Waldnaabtal bei Windischeschenbach.
Foto: Carl Bellingrodt

Auf Leerfahrt rollen die 56 901 und 57 572 am 2. Juli 1934 bei Windischeschenbach über eine der zahlreichen Waldnaab-Brücken.
Foto: Carl Bellingrodt

An einem Wintertag des Jahres 1956 oblag der 89 829 die Bereitstellung der Reisezuggarnituren in Regensburg Hbf.
Foto: Carl Bellingrodt

keine endgültige Entscheidung getroffen worden. Es bestand noch Uneinigkeit, ob Schwarzenfeld oder Schwandorf Knotenpunkt der Linie nach Pilsen werden sollte. Um doch noch in den vorrangigen Genuß eines Knotenpunktes zu gelangen, versuchte die Stadt Amberg nochmals, nun zusammen mit den Anrainern des Naab-, Vils- und Lauterachtals, durch eine neuerliche Eingabe am 13. Oktober 1852 das Staatsministerium auf die Vorzüge einer Bahntrasse von Amberg über Kallmünz und Etterzhausen nach Regensburg hinzuweisen. In einem solchen Fall hätte die Verbindung nach Pilsen zweckmäßigerweise in Amberg abzweigen sollen. Amberg hatte mit seinen Plänen allerdings kaum mehr Aussicht auf Erfolg, stand doch längst außer Frage, daß die Bahn in Richtung Schwarzenfeld bzw. Schwandorf und weiter naababwärts nach Regensburg geführt werden wird.

Während über den genauen Weg der Bahn nach Böhmen noch eifrig diskutiert wurde, konnte im Sauforst bei Burglengenfeld – wo zuvor ein ergiebiges Kohlelager erschloßen worden war – am 26. September 1853 die „Maximilianshütte" ihre Pforten öffnen. Die für die gesamte Oberpfalz wegweisende Industrieansiedlung konnte durch den zugesagten Großauftrag zur Lieferung der Schienen und sämtlicher sonstiger Eisenteile für die Königlich Bayerische Staatsbahn ermöglicht werden. Mit der Maximilianshütte und dem bevorstehenden Bahnbau war der Grundstein für eine aufstrebende Montanindustrie in der Oberpfalz gelegt.

Im Zuge der Nebenbahn Nabburg–Oberviechtach mußte bei Brensdorf eine Brücke über die Naab gebaut werden (Aufnahme um 1903).

Die Gründung der Ostbahn-Gesellschaft

Vornehmlich aus betriebswirtschaftlichen Gründen fiel die Entscheidung letztlich zugunsten eines Bahnknotens in Schwandorf, von wo aus die Strecke über Cham und Furth im Wald zur bayerisch-böhmischen Grenze führt. Gegen die beiden anderen Linienvorschläge von Schwarzenfeld über Waidhaus bzw. von einem nicht näher definierten Abzweig über Neunburg vorm Wald und Rötz nach Böhmen sprachen die unvergleichlich schwierigeren topographischen Verhältnisse.

Als die vorbereitenden Planungsarbeiten weitgehend zum Abschluß kamen, stand das Königreich Bayern entgegen den bisherigen Gepflogenheiten der eigentlichen Ausführung des ehrgeizigen Projekts sehr reserviert gegenüber. Schließlich entschied es sich, den Bahnbau in der gesamten Oberpfalz genauso wie in Niederbayern in private Hände zu geben. Daraufhin billigte der bayerische Landtag am 19. März 1856 ein Gesetz zur Gründung der „Königlich privilegierten Actiengesellschaft der bayerischen Ostbahnen“ (im folgenden kurz Ostbahn genannt). Wenig später, am 12. April 1856, erhielt die Ostbahn die Konzessionsurkunde eines Grundnetzes: Nürnberg–Hersbruck–Amberg–Schwandorf–Regensburg–Sünching–Landshut–München (273,46 km), Schwandorf–Cham–Furth im Wald – Landesgrenze (73,95 km) sowie Sünching–Straubing–Passau–Landesgrenze (94,57 km). Mit der Baugenehmigung waren recht strenge Auflagen verbunden. Sollten doch die vorgenannten Strecken binnen sieben Jahren in Betrieb gehen. Ferner mußten alle Baupläne zur Genehmigung vorgelegt werden. Staatlicherseits wurde der Ostbahn auf längstens 35 Jahre vom Tag der Inbetriebnahme sämtlicher Bahnlinien an eine jährliche Zinsgarantie auf das Einlagekapital von 4,5 Prozent gewährt. Nach dem Ablauf dieser Frist bestand ein vorzugsweises Rückkaufrecht der Ostbahn durch den bayerischen Staat.

Paul von Denis wird Bau- und Betriebsdirektor der Ostbahn

Als Bau- und Betriebsdirektor wurde am 28. April 1856 Paul von Denis eingestellt. Denis war ein Mann der Praxis, der schon für den Bau der ersten deutschen Eisenbahnstrecke verantwortlich gezeichnet hatte. Unter seiner Leitung wurde das gesamte Bahnbauvorhaben mit Nachdruck vorangebracht. Um die Kosten möglichst gering zu halten und keine unnötige Zeit zu verlieren, kaufte die Ostbahn kurzerhand die von der Eisenbahnbau-Kommission bereits ausgearbeiteten Pläne. Eine langatmige Genehmigungsprozedur wurde somit von vornherein umgangen; nur für die Verbindung von Schwandorf zur bayerisch-böhmischen Grenze mußte die Ostbahn eigenverantwortlich die Planung zu Ende bringen. Daher konnte nach dem Ankauf des benötigten Grund und Bodens der Bahnbau unverzüglich anlaufen. Bald wurde mehr oder weniger am gesamten Grundnetz der Ostbahn gebaut. Probleme ergaben sich nicht etwa bei der Finanzierung des Projekts, als vielmehr bei der Beschaffung von Holz, das in großen Mengen nicht nur zur Herstellung von Schwellen benötigt wurde. Hinzu kam in der Hauptbauphase ein Mangel an Arbeitskräften. Dennoch gelang es, durch eine straffe Organisation den Streckenbau zügig voranzubringen. Als erste Teilstrecke nahm die Ostbahn schließlich am 3. November 1858 zwischen München und Landshut auf einer Länge von 70,92 km die Personenbeförderung auf. Ab dem 15. des Monats war die Strecke dann auch für den Güterverkehr freigegeben.

Die drei Bogen der Flutbrücke wurden bereits ganz in Beton ausgeführt (Aufnahme um 1903).

Erste Verbindung durch die Oberpfalz

Ebenso kam am entgegengesetzten Ende der Bahnbau von Nürnberg in südöstlicher Richtung gut voran. Hier lief am 9. Mai 1859 der Zugbetrieb auf 27,96 km Länge von Nürnberg bis Hersbruck links der Pegnitz an. Nun schaute auch der „Lükkenschluß" zwischen den beiden Teilstrecken seiner Vollendung entgegen. Wie schon zwischen Nürnberg und Hersbruck gestaltete sich der Bahnbau zunächst auch bis Hartmannshof weitgehend problemlos.

Erst darüber hinaus mußte die Trasse zur Überwindung der Wasserscheide zwischen Rhein und Donau durch den Anstieg mittels einer Rampe mit Neigungen bis 1:100 hinauf nach Neukirchen geführt werden. Bei Schönlind südlich von Neukirchen erreicht die Bahn den Brechpunkt und führt hinab nach Sulzbach. Weiter über Amberg wird das im weiten Naabbecken gelegene Städtchen Schwandorf erreicht.

Sieht man einmal von Dammschüttungen sowie den mitunter tiefen Einschnitten ab, verstanden es die Ingenieure der Ostbahn, trotz der teilweise schwierigen Topographie auf kostspielige Kunstbauten fast gänzlich zu verzichten. Erster erwähnenswerter Kunstbau war nördlich vom Bahnhof Schwandorf eine recht lange Brücke über die Naab. Nun verläuft die Trasse bis Haidhof weiter durch die Naabniederung. Ursprünglich sollte die Bahn nicht über Haidhof, sondern vorbei am nahegelegenen Burglengenfeld führen. Da man dort anfangs partout keine Eisenbahn wollte, kam es zu einer Korrektur der Trassenführung. Bei Regenstauf

In den ersten Betriebsjahren entstand das Bild eines typisch bayerischen Lokalbahnzuges auf der Naabbrücke bei Brensdorf.

Das Nabburger Empfangsgebäude in einer Aufnahme aus dem Jahre 1898.

geht die Linie in das Tal des Regens über, wo es mittels einer dreibogigen Massivbrücke den Flußlauf zu überspannen galt. Bevor nun Regensburg erreicht war, wurde bei Schwabelweis als größtes Ostbahn-Bauwerk die Brücke über die Donau mit einer Gesamtlänge von 587 m errichtet. Die Inbetriebnahme zwischen Hersbruck und Regensburg und darüber hinaus bis Landshut war am 12. Dezember 1859. Nun bestand zwischen den Wirtschaftszentren Nürnberg und München unter Anbindung der wichtigen Städte Regensburg und Landshut eine durchgängige Eisenbahnverbindung.

Längst ebneten Heerscharen von Arbeitern auch dem Schienenstrang von Schwandorf aus den Weg zur bayerisch-böhmischen Grenze. Das Gelände bot bis Furth im Wald keine nennenswerten Hindernisse, so daß am 7. Januar 1861 zunächst der Abschnitt Schwandorf–Cham eröffnet wurde und im Spätsommer ab 20. September der durchgehende Zugbetrieb möglich war. Erst hinter Furth im Wald mußte aus der Senke heraus die Trasse auf 6,73 km etwa 61 m an Höhe gewinnen. Kurz vor der Grenze baute die Ostbahn bei Klöpfelsberg ihren ersten Tunnel mit einer Länge von 120 m. Der Bahnhof Furth im Wald entstand als Gemeinschaftsbahnhof der Bayerischen Ostbahn und der Böhmischen Westbahn, die ihrerseits den Schienenstrang über den Böhmerwald und Taus nach Pilsen baute. Durch Niederbayern ist zudem seit 1. September 1861 von Regensburg über Straubing und Passau der durchgehende Zugverkehr nach Österreich möglich.

Die positive Bilanz der Ostbahn

Gegenüber dem ursprünglich bemessenen Zeitplan einer siebenjährigen Bauzeit konnte das Grundnetz der Ostbahn innerhalb von nur fünf Jahren fertiggestellt werden. Von den veranschlagten und bewilligten Baukosten in Höhe von 60 Mio. Gulden wurden insgesammt nur etwa 45 Mio. Gulden verbaut. Diese beachtliche Leistung war in erster Linie den Fähigkeiten Paul von Denis zuzuschreiben, der es vortrefflich verstand, sich schnell auf Probleme einzustellen, um diese zielgerichtet durch greifende Maßnahmen in kürzestmöglicher Zeit zu lösen.

Dank der überaus günstigen Finanzierung des Unternehmens konnte über weitere Bahnbauprojekte

nachgedacht werden, denn die nicht verbauten Mittel sollten dem weiteren Ausbau des Schienennetzes zugute kommen. Schon am 3. Januar 1862 lag der Ostbahn die Bau- und Betriebskonzession der Linien Irrenlohe–Weiden–Kirchenlaibach–Bayreuth (97,75 km) sowie Weiden–Wiesau–Eger (59,76 km) vor. Bis zur Festlegung der definitiven Trassen waren freilich auch hier dem Genehmigungsverfahren heftige Debatten vorausgegangen. Wieder machten zahlreiche Gemeinden auf die Vorzüge einer Anbindung ihres Ortes an die geplante Ausweitung des Schienennetzes aufmerksam.

Abermals war es die Stadt Amberg, die sich in dieser Angelegenheit besonders engagierte. Nach der entgangenen Möglichkeit, Knotenpunkt der Linie nach Furth im Wald zu werden, sah die Gemeinde eine neuerliche Chance, alte Pläne verwirklicht zu wissen, als ein Weiterbau der Ostbahn durch die nördliche Oberpfalz nach Oberfranken zur Diskussion stand.

Neben der von Amberg und Bayreuth befürworteten direkten Linie über Vilseck traten die Städte Schwandorf und Weiden als Widersacher auf, die sich für eine Verbindung von Schwandorf über Weiden nach Bayreuth bzw. Eger einsetzten. Zunächst

Die Naabbrücke bei Brensdorf ist gleichzeitig Kreuzungsbauwerk über die Hauptbahn. Im Jahre 1904 entstand dieser seltene Schnappschuß eines in Richtung Schwandorf fahrenden Zuges.

sah es so aus, als würde die Linie Amberg–Bayreuth den Zuschlag erhalten. Die Ostbahn sprach sich nämlich eindeutig für diese Variante aus. Angesichts der Tatsache, daß die vorgesehene Bahn durch das größte Eisensteingebiet Bayerns führen würde, dürfte die Entscheidungsfindung zugunsten dieser Bahn für die privatwirtschaftlich orientierte Ostbahn wohl kaum schwer gefallen sein. Die zahlreichen Erzgruben in diesem Gebiet versorgten nicht nur das Hüttenwerk in Bodenwöhr, die Maxhütte bei Haidhof, sondern zudem viele kleinere Hochöfen, Schmieden und Hammerwerke an den Flußläufen von Altmühl, Laaber, Naab, Regen und Vils. In dem Bau der Linie Amberg–Bayreuth sah man also eine weitere Möglichkeit zur Festigung der ansässigen Montanindustrie.

Jedoch gab man staatlicherseits trotz der positiven Aspekte unmißverständlich zu verstehen, daß

Am „Ledermühlfelsen" in Nabburg fuhr um 1904 dieser GmP in Richtung Schwandorf vorbei.

einem solchen Projekt nicht zugestimmt werden könne, da mit dieser Strecke eine umittelbare Konkurrenz zwischen der privaten Ostbahn und der Staatsbahn erwachsen würde. Die Befürchtungen lagen darin begründet, daß die Ostbahn dann den südwärts ausgerichteten Verkehr aus Richtung Leipzig – der entlang der Werrabahn Bayern über Lichtenfels erreicht – in Bayreuth an sich ziehen könnte und damit die von Lichtenfels nach Nürnberg laufende Staatsbahn an Bedeutung verliere. In seinem Bericht an den Verwaltungsrat der Ostbahn vom 25. Mai 1861 versuchte Paul von Denis, als Verfechter der Strecke Amberg – Bayreuth dennoch auf eine Revidierung der Entscheidung hinzuwirken. In dieser Phase trat der Landtagsabgeordnete Gustav Schlör an die Öffentlichkeit. Schlör prägte den Eisenbahnbau in der mittleren Oberpfalz wesentlich mit. Der gebürtige Oberpfälzer, als Sohn eines Hammergutsbesitzer am 4. April 1820 in Hellziechen bei Vilseck geboren, erwarb sich große Verdienste um die oberpfälzische Eisenindustrie. Er war Mitinitiator beim Bau der Maxhütte, die er anfangs auch leitete. Im Jahre 1862 wurde er zum Sektionschef und stellvertretenden Direktor der Ostbahngesellschaft ernannt, bevor er von 1864 bis 1866 den Posten des Betriebsdirektors bekleidete.

Bahnknotenpunkte in Schwandorf und Weiden

Inzwischen waren die Pläne soweit gediehen, daß längst außer Frage stand, die Bahn von Schwandorf über Weiden entlang der Naab nach Eger zu bauen. Die Linie nach Bayreuth sollte bei Oberwildenau von dieser Strecke abzweigen, zunächst dem Lauf der Heidenaab bis Hütten folgen und von dort weiter über Grafenwöhr und Vorbach führen.

Dank der Initiative Schlörs fiel schließlich die Entscheidung zugunsten eines Bahnknotens in Weiden als dem wichtigsten Handelsplatz der mittleren Oberpfalz.

Nach der Erteilung der Konzession begannen im Frühjahr 1862 die Bauarbeiten. Von Schwandorf lief die Trasse zunächst als Doppelbahn vereint mit der Nürnberg-Regensburger Bahn bis Irrenlohe und von dort in nordöstlicher Richtung durch das weite Naabtal über Schwarzenfeld, Nabburg und Wernberg nach Weiden, um dann nach Norden über Pressath und Kirchenlaibach nach Bayreuth zu gelangen. Zunächst ging am 1. Oktober der Abschnitt Irrenlohe–Weiden (39,70 km) und am 1. Dezember 1863 die Weiterführung bis Bayreuth (58,05 km) in Betrieb. Während der Bahnbau zwischen Irrenlohe und Bayreuth schnell vonstatten gegangen war, nahm die Weiterführung über Wei-

Partie der noch im Bau befindlichen Lokalbahn Nabburg–Oberviechtach am Mühlberg bei Brensdorf (um 1903).

den hinaus durch das sich ab Neustadt verengende Waldnaabtal deutlich mehr Zeit in Anspruch. Zwischen Neustadt und Windischeschenbach mußte der Flußlauf aufgrund der beengten Verhältnisse im Tal nicht weniger als achtmal überbrückt werden. Dennoch kam unter der umsichtigen Bauleitung Paul von Denis auch dieses Projekt zügig voran, so daß am 15. August 1864 der Abschnitt Weiden–Neustadt–Wiesau–Mitterteich (39,12 km) in Betrieb genommen werden konnte.

Obwohl ein am 17. Juni 1863 geschlossener Staatsvertrag zwischen Bayern und Österreich den Bau und Betrieb des grenzüberschreitenden Streckenabschnitts Waldsassen–Eger regelte, brauchte man doch noch weit über zwei Jahre, bis auch die 20,64 km von Mitterteich nach Eger am 15. Oktober 1865 für den öffentlichen Verkehr zur Verfügung standen. Mit der wenig später folgenden Einweihung der Teilstrecke Oelsnitz–Eger war ab 1. November 1865 der Anschluß an die Sächsische Staatsbahn gegeben.

In den folgenden Jahren kam es bei der Ostbahn zunächst zu keinem weiteren Streckenbau mehr. Vielmehr mußte sich das Schienennetz jetzt im Alltagsbetrieb als tauglich erweisen. Mit dem Verkehrsanstieg zeigten sich jedoch bald erste „Schwachstellen“, die es zu beheben galt. Als nachteilig erwiesen sich übermäßige Umwege wie beispielsweise von Nürnberg über Schwandorf nach Regensburg. Die Verbindung mußte nicht nur den Verkehr nach Böhmen, sondern zunehmend das Aufkommen zwischen Mitteldeutschland und Österreich auffangen. Neben dem an sich schon zeitraubenden Umweg über Schwandorf brachte der Rampenbetrieb zwischen Hartmannshof und Neukirchen noch zusätzliche Fahrzeitverlängerungen mit sich. Also wurde trotz der extrem ungünstigen Topographie eine direkte Linie von Nürnberg nach Regensburg durch den Oberpfälzer Jura angestrebt. Von vier möglichen Varianten entschied man sich

Kurz vor dem Endbahnhof Burglengenfeld poltert im März 1955 eine 86 über die Naabbrücke.
Foto: Gottfried Turnwald

schnell für die Route Nürnberg–Neumarkt–Deining–Regensburg mit einer Gesamtlänge von 100,56 km. Das Vorhaben wurde am 3. August 1869 konzessioniert. Mit diesem Datum wurde außerdem der Bau weiterer Verbindungsbahnen zur Leistungssteigerung des bestehenden Schienennetzes genehmigt. Auf der Strecke Regensburg–Passau war es die Direktanbindung von Sünching nach Straubing (16,18 km) und zwischen München und Regensburg die Querverbindung Neufahrn–Obertraubling (31,14 km). In beiden Fällen brauchte der Kopfbahnhof Geiselhöring nicht mehr angefahren zu werden, was erhebliche Fahrzeitverkürzungen mit sich brachte. Ferner wurde der Bau der Linien Mühldorf–Plattling (80,80 km) sowie Weiden–Neukirchen (51,51 km) gesetzlich geregelt.

Als vordringliches Bahnbauvorhaben erhielt das Projekt Nürnberg–Regensburg Priorität. Mit dem ersten Etappenziel war bis 1. Dezember 1871 der Abschnitt von Nürnberg nach Neumarkt recht bald fertiggestellt. Im weiteren Verlauf nach Regensburg wurden die Ingenieure der Ostbahn mit den unterschiedlichsten technischen Problemen konfrontiert. So führten schwierige Gesteinsformationen immer wieder zu Hang- und Dammrutschungen, wodurch teilweise aufwendige Stützmauern errichtet werden mußten. Anstelle eines Tunnels wurde zwischen Deining und Kleinalfalterbach die Trasse mittels eines sehr tiefen Einschnitts durch den Hohen Loberg gebaut. Nur südlich von Etterzhausen entstand das bekannte „Felsentor“ als Tunnel (13 m). Gleich drei große Stahlgitterbrücken bei Deining, Beratzhausen und Mariaort waren nötig. Zu allem Überfluß stürzte während der Bauarbeiten der Mariaorter Donaubrücke ein Hilfsgerüst mit den zur Montage vorgesehenen Brückenteilen ein, wodurch sich die Fertigstellung der Strecke erheblich verzögerte. Trotz aller Hindernisse konnte endlich auch die Oberpfälzer Alb durch den Schienen-

Bezaubernde Oberpfalz: Gerade erst hat die 64 359 mit ihrem Personenzug Falkenstein verlassen (Sommer 1963).
Foto: Gottfried Turnwald

strang bezwungen werden. Die weiteren Eröffnungsdaten waren: 15. Mai 1873 Regensburg–Seubersdorf sowie 1. Juli 1873 Seubersdorf–Neumarkt.

Auch andernorts wuchs zwischenzeitlich das Schienennetz der Ostbahn weiter an. Am 1. Juli 1873 gingen auch die Verbindung Straubing–Sünching und nur wenig später, am 6. August 1873, das Gleis zwischen Neufahrn und Obertraubling in Betrieb. Bereits am 10. November 1872 war zwischen Wiesau und Tirschenreuth die erste oberpfälzische Vizinalbahn eröffnet worden. Mit dem Bau dieser Nebenbahn machte sich ein ansatzweiser Umdenkprozeß hinsichtlich der künftigen Verkehrspolitik bemerkbar, der deutlich vom lokalen Streckenbau bestimmt werden sollte. Die Schaffung sogenannter Lokalbahnen sollte das Umland der Hauptbahnen verkehrsmäßig erschließen helfen. Derartige Aspekte kamen allgemein erst nach Verstaatlichung der Privatbahngesellschaften zum Tragen. Der Staat sah den Nebenbahnbau nicht nur unter kommerziellen Gesichtpunkten, sondern ließ genauso Linien mit weniger günstigen wirtschaftlichen Voraussetzungen allein aus strukturpolitischen Gründen zur Förderung schwacher Regionen bauen. Dies trifft zumindest auf alle jene Nebenbahnen in der Oberpfalz zu, die nach der Jahrhundertwende entstanden.

Die Verstaatlichung der Ostbahn

Über eine Verstaatlichung der Privatbahnen wurde nicht nur in Bayern nachgedacht. Immer häufiger kam es zwischen der Ostbahn und der Staatsbahn aufgrund eines ausgeprägten Konkurrenzdenkens zu Meinungsverschiedenheiten. Ein Ankauf der Ostbahn durch den bayerischen Staat wurde somit immer wahrscheinlicher, zumal damit der Stellenwert der Königlich Bayerischen Staatsbahn innerhalb des Deutschen Reiches gegenüber der mächtigen Königlich Preußischen Staatsbahn zunehmen würde. Am 1. März 1875 wurde der Vertrag zur Übernahme der Ostbahn unterzeichnet. Das Unternehmen mit seinem gut 900 km umfassenden Streckennetz ging schließlich mit Wirkung zum 1. Januar 1876 für 167 Mio. Mark in der Bayerischen Staatsbahn auf. In dieser Umbruchphase stellte man in der Oberpfalz die Strecken Weiden–Vilseck–Neukirchen und in Niederbayern Mühldorf–Plattling fertig, die beide am 15. Oktober 1875 für den öffentlichen Zugbetrieb bereitstanden. Die Linien stellten die letzten Baumaßnahmen unter Ostbahn-Leitung dar. Durch die Linie Weiden–Neukirchen war eine unmittelbare Verbindung der wirtschaftlich aufstrebenden Stadt Weiden nach Nürnberg gegeben. Als erste unter staatlicher Regie geschaffene Nebenbahn ging die am 27. Juli 1874 konzessionierte Laabertalbahn von Sinzing nach Alling (4,14 km) am 20. Dezember 1875 in Betrieb. Danach kam der weitere Streckenbau in der Oberpfalz zunächst einmal zum Stillstand. Erst nachdem 1877/78 die von Nürnberg durch das Pegnitztal über Schnabelwaid und Marktredwitz laufende Fichtelgebirgsbahn in Oberkotzau Anschluß nach Hof erhielt, wurde mit Gesetz vom 1. Februar 1880 dem Bau der Verlängerung Wiesau–Marktredwitz (17,82 km) vornehmlich aus strategischen Gründen zugestimmt. Mit Eröffnung dieses Bindeglieds am 1. Juni 1882 war der Durchlauf von München über Regensburg nach Hof und darüber hinaus nach Sachsen geschaffen.

Das bayerische Lokalbahngesetz

Neuerlichen Auftrieb bekam der Eisenbahnbau in der Oberpfalz mit Inkrafttreten des bayerischen Lokalbahngesetzes vom 28. April 1882. Das bis dato noch keine 500 km umfassende oberpfälzische Schienennetz sollte allein um Nebenbahnen mit annährend 400 km anwachsen. Damit wurde der beachtliche Bedarf an untergeordneten Bahnlinien deutlich. Gleichzeitig spiegelt dieser Tatbestand die ausgeprägt ländliche Struktur der Oberpfalz wider, die ohne ein derartiges Gesetz wohl vollends ins Abseits geraten wäre. Ungehindert der weniger rosigen Voraussetzungen konnte somit am 21. April 1884 das Gesetz zum Bau einer Nebenbahn von Neustadt an der Waldnaab in den Oberpfälzer Wald hinein nach Vohenstrauß (25,21 km) und der Bahn am Rande des Oberpfälzer Juras von Neumarkt über Greißelbach nach Beilngries

Wer anderes als Gottfried Turnwald hätte sich im Oktober 1961 an der Hauptbahn Regensburg–Hof postiert, um südlich von Reuth (b Erbendorf) eine herannahende 01 abzupassen.

Bei Reuth rollt die 64 237 zu Pfingsten 1958 mit einem Schotterzug abwärts ins Tal der Waldnaab. Oben links die Nebenbahn nach Erbendorf Nord.
Foto: Gottfried Turnwald

Die 01 236 hat vor ihrem Eilzug nach Hof gerade den Bahnhof Neustadt (Waldnaab) hinter sich gelassen.
Foto: Gottfried Turnwald

(27,05 km), mit dem Abzweig von Greißelbach nach Freystadt (9,77 km), genehmigt werden. Bei der Linienführung der Nebenbahn nach Vohenstrauß standen zunächst zwei Varianten zur Diskussion: von Weiden über Neustadt und Floß oder von Weiden über Rothenstadt durch das Luhetal nach Vohenstrauß. Das für die erstgenannte Bahn errechnete bessere Frachtaufkommen ließ die Entscheidung zugunsten dieser Variante ausfallen. Beim von Neumarkt ausgehenden Schienenstrang stand von vornherein die Trassierung über Greißelbach und Berching nach Beilngries mit dem in Greißelbach abzweigenden Ast nach Freystadt weitgehend fest. Da die Bahn zwischen Sengenthal und Beilngries dem Ludwigskanal folgte, dachte man auch über eine Umschlagstelle von einem auf den anderen Verkehrsträger nach. Die in Neustadt an der Waldnaab von der Hauptbahn abschwenkende Linie nach Vohenstrauß konnte bereits am 16. Oktober 1886 den regulären Zugbetrieb aufnehmen. Obwohl bei beiden Nebenbahnen die Ausführungsarbeiten im Jahre 1885 begonnen worden waren, fuhr der erste offizielle Zug zwischen Neumarkt und Beilngries/Freystadt erst am 1. Juni 1888.

Wenige Wochen zuvor, am 30. April 1888, wurde dem Bau einer weiteren Lokalbahn zugestimmt. Das an das Fichtelgebirge grenzende Gebiet der Oberpfalz sollte durch den 14,73 km langen Schienenstrang, der etwa auf halbem Weg zwischen Kirchenlaibach und Marktredwitz in Neusorg von der Hauptbahn abzweigt und über Brand nach Fichtel-

Zwischen Luhe und Wernberg konnte im Juni 1964 die 01 058 angetroffen werden. Längst wurden die oberhalb verlaufende Straße ausgebaut und die Doppeltelegrafenmasten entfernt.
Foto: Gottfried Turnwald

berg führt, erschlossen werden. Eingeweiht wurde die Linie Neusorg–Fichtelberg am 20. Dezember 1890.

Mit dem Bau der Strecke Schwandorf–Cham–Furth im Wald keimten bald auch entlang dieser bedeutenden Achse Wünsche zur Erschließung des Umlandes durch entsprechende Eisenbahnverbindungen auf. Gerade mit Eröffnung dieser Bahn hatte der einst wichtige Grenzübergang in Waldmünchen an Bedeutung verloren. Um die sich weiter verschlechternden wirtschaftlichen Verhältnisse aufzufangen, wurde schließlich am 26. Mai 1892 die Nebenbahn Cham–Waldmünchen (22,08 km) konzessioniert. Überhöhte Grundstückspreise, die langwierige Enteignungsverfahren zur Folge hatten, verzögerten ebenso wie witterungsbedingte Schwierigkeiten die Fertigstellung der Strecke. Sie wurde am 1. August 1895 eröffnet.

Wie allgemein üblich, wurden die Gesetzesvorlagen für die Bau- und Betriebskonzessionen der Lokalbahnen meistens nicht einzeln, sondern gesammelt verabschiedet. Gemäß dem Gesetz vom 26. Mai 1892 wurden mit diesem Datum gleichzeitig 18 Lokalbahnen in Bayern genehmigt, darunter auch die Verbindung Bodenwöhr–Neunburg vorm Wald. Die 10,67 km lange Lokalbahn konnte ohne nennenswerte Komplikationen bis 3. August 1896 verwirklicht werden.

Im nördlichen Abschnitt der Nürnberg-Further Bahn zeichnete sich der Bau der Lokalbahn Amberg–Schnaittenbach (21,52 km) ab, der am 17. Juni 1896 genehmigt wurde. Hier waren es in erster Linie handfeste wirtschaftliche Interessen der anliegenden Industriebetriebe, die den Bau ermöglichten. Porzellan- und Steingutfabriken sorgten ebenso für ein ordentliches Frachtaufkommen wie zwei Kaolinschlammwerke. Die im Jahre 1897 begonnenen Arbeiten ermöglichten dann die Inbetriebnahme zum 8. Oktober 1898.

Nachdem im Jahre 1869 die Maximilianshütte einen 1,4 km langen Anschluß von der Ostbahnstation Haidhof zu ihrem Werk herstellen ließ, beantragte wenig später Burglengenfeld den Weiterbau. Da weder bei der Ostbahn noch später bei der Staatsbahn aufgrund der ungünstigen Voraussetzungen ein Handlungsbedarf bestand, konnte erst mit Gesetz vom 17. Juni 1896 ein solches Projekt auf den Weg gebracht werden. Unter Nutzung der bestehenden Anschlußbahn, die aus diesem Grund durch die Staatsbahn von der Maxhütte für 45 000 Mark angekauft werden mußte, baute man bis 25. September 1899 die insgesamt 6,86 km lange Stichbahn Haidhof–Burglengenfeld.

Der Streckenbau nach der Jahrhundertwende

Im folgendem Jahr wurde durch das bayerische Gesetz vom 30. Juni 1900 wieder ein ganzes Paket zu bauender Lokalbahnen verabschiedet. Für die Oberpfalz sah der Gesetzesentwurf die Nebenbahnen Amberg–Lauterhofen (28,37 km), Ranna–Auerbach (8,13 km), Pressath–Kirchenthumbach (20,74 km), Nabburg–Oberviechtach (28,94 km) sowie die Verlängerung Tirschenreuth–Bärnau (13,28 km) vor. Als erstes war die Weiterführung von Tirschenreuth nach Bärnau vollendet, die ab 8. Juli 1903 dem öffentlichen Zugbetrieb zur Verfügung stand. Spätestens mit dem Bau der Nebenbahn nach Lauterhofen entwickelte sich Amberg zu einem recht wichtigen Bahnknotenpunkt. Die Linie Amberg–Drahthammer–Lauterhofen wurde weniger einer guten Rendite wegen als vielmehr zur Förderung des Gebiets am Hirschwald gebaut. Die Indienststellung war am 7. Dezember 1903. Nur neun Tage später war auch die in Ranna von der Hauptbahn Nürnberg–Eger/Hof abzweigende Lokalbahn nach Auerbach in Betrieb. Ausschlaggebend für den Bau waren hier die Eisenerzvorkommen um Auerbach. Die in Pressath von der Linie Weiden–Bayreuth in nordwestlicher Richtung über Grafenwöhr und Eschenbach nach Kirchenthumbach abzweigende Nebenbahn hatte man im Juni 1903 in Angriff genommen und in zwei Etappen (20. Juli 1904 Pressath–Eschenbach und 7. Dezember 1904 Eschenbach–Kirchenthumbach) fertiggestellt. Die Baukosten beliefen sich auf 1,454 Mio. Mark. Bis die Arbeiten an der Nebenbahn von Nabburg nach Oberviechtach im Jahre 1902 aufgenommen werden konnten, waren zunächst zahlreiche Eingaben zu prüfen. Als mögliche Ausgangspunkte der Strecke wurde neben den Bahnhöfen Schwarzenfeld und Nabburg zusätzlich über eine neu anzulegende Abzweigstation zwischen den beiden Bahnhöfen nachgedacht. Als Endpunkt war anfangs Schönsee im Gespräch. Hinsichtlich der Trassenführung hatten die einzelnen Interessengruppen die unterschiedlichsten Vorstellungen.

Nachdem schon am 17. Juni 1896 die Verlängerung der Linie von Neustadt an der Waldnaab nach Vohenstrauß weiter bis Waidhaus (16,95 km) genehmigt und bis 16. August 1900 vollendet worden war, gab es Bestrebungen, sie über Eslarn nach Schönsee fortzuführen. Ebenso bemühten sich Interessenten um den eventuellen Anschluß der Bahn Bodenwöhr–Neunburg vorm Wald über Rötz nach Schönsee. Viele Wünsche blieben also unberücksichtigt, als am 18. August 1904 nur der Betrieb zwischen Nabburg und Oberviechtach aufgenommen wurde. Aus Kostengründen entschied man sich letztlich zugunsten eines Ausgangspunktes in Nabburg. Allerdings läuft die Trasse zunächst etwa 4 km südwärts parallel zur Hauptbahn Regensburg–Hof. Vor Brensdorf überquert sie auf einer Brücke die Hauptbahngleise sowie die Naab, von wo sie weiter in östlicher Richtung nach Oberviechtach verläuft. Nur wenige Tage zuvor, am 10. August 1904, wurde eine weitere in Bodenwöhr beginnende Lokalbahn über Bruck nach Nittenau (10,74 km) beschlossen. Obwohl diese Strecke ohne Kunstbauten auskam, war doch die

An der Nordausfahrt des Bahnhofs Schwarzenfeld (Oberpf) kommt im Mai 1963 die 01 202 in Richtung Weiden gefahren.
Foto: Gottfried Turnwald

beachtliche Bausumme von 815 500 Mark erforderlich. Die Einweihung fand am 5. November 1907 statt.

Das erste Jahrzehnt des 20. Jahrhunderts brachte neben dem Bau zahlreicher Lokalbahnen zusätzlich Verlängerungen bestehender Verbindungen. Selbst entlegenste Winkel in der Oberpfalz sollten somit vom weiter wachsenden Streckennetz profitieren. Die am 10. August 1904 verabschiedete Gesetzesvorlage brachte der Region beileibe nicht nur die Stichbahn nach Nittenau ein, sondern beinhaltete zudem die Verlängerungen Beilngries–Dietfurt (9,97 km) und Waidhaus–Eslarn (7,64 km) sowie die beiden Lokalbahnen Reuth–Erbendorf Nord (6,45 km) und (Amberg–) Drahthammer–Schmidmühlen (21,30 km).

Als der Schienenstrang Waidhaus erreicht hatte, sollte die Verlängerung bis Eslarn nur noch eine Frage der Zeit sein, bis am 1. Oktober 1908 auch diese Etappe in Betrieb ging. Die Verbindung zwischen Neustadt an der Waldnaab und Eslarn bildete fortan mit ihren 49,80 km die längste Nebenbahn in der Oberpfalz. Der 11. September 1909 brachte schließlich auch die Eröffnung der Verlängerung von Beilngries nach Dietfurt.

Obwohl es die zwischen Neustadt an der Waldnaab und Wiesau von der Hauptbahn Regensburg–Eger/Hof abzweigende Lokalbahn Reuth–Erbendorf Nord mal gerade auf sechseinhalb Kilometer Länge brachte, entzündete sich an diesem

Bahnbauprojekt ein heftiger Streit, der die Gemeinde Erbendorf in zwei Lager spaltete und noch weit über den Eröffnungstermin am 1. Oktober 1909 hinaus ausgetragen wurde.

Weniger turbulent ging es bei der Realisierung einer Bahnverbindung in Richtung Vilstal zu. Erste Bestrebungen, das Vilstal durch die Eisenbahn zu erschließen, gehen auf die Frühzeit der oberpfälzischen Eisenbahn zurück. Trotz einer nicht ganz unbedeutenden Ansiedlung von unterschiedlichen Betrieben an der Vils dauerte es erstaunlich lange, bis entlang dem Flußlauf ein Zug dampfte. Zunächst stand keineswegs Amberg als Ausgangspunkt einer solchen Nebenbahn fest. Vielmehr wurden unterschiedliche Möglichkeiten diskutiert. Gesprochen wurde genauso über eine in Etterzhausen von der Hauptbahn Nürnberg–Regensburg abzweigende Linie über Kallmünz nach Schmidmühlen wie über eine mögliche Verlängerung der Stichbahn Haidhof–Burglengenfeld nach Kallmünz und Schmidmühlen. Schließlich wurde auch der Bahnknoten Schwandorf als Ausgangspunkt einer Nebenbahn bis Schmidmühlen und weiter nach Hohenburg genannt. Die Anrainer des Vilstals setzten letztlich den Anschluß nach Amberg durch. Da die Grunderwerbskosten nur bis Schmidmühlen und nicht wie zunächst vorgesehen bis Hohenburg aufgebracht werden konnten, wurde schließlich nur der Bahnbau zwischen Amberg und Schmidmühlen beschlossen. Auf den ersten 2,4 km benutzte die neue Bahn von Amberg aus gemeinsam das Gleis mit der Linie nach Lauterhofen. Erst ab Drahthammer folgte das Bähnchen auf eigener Trasse dem Lauf der Vils bis Schmidmühlen. Aufgrund des schleppend vorankommenden Bahnbaus kam es zunächst nur zur Inbetriebnahme der Teilstrecke Drahthammer–Ensdorf am 1. Mai 1910, während der durchgehende Zugbetrieb erst ab 18. Dezember 1910 möglich war.

Die letzten Lokalbahnen entstehen

Als am 26. Juni 1908 der Bau der Strecken Floß–Flossenbürg (6,20 km), Wutzlhofen–Falkenstein (35,41 km) sowie die Verlängerungen Oberviechtach–Schönsee (17,0 km) und Neunburg vorm Wald–Rötz (17,77 km) gesetzlich verabschiedet werden konnten, sollte sich schon bald zeigen, daß diese Linien die letzten Neubauten in der Region blieben.

Zunächst nahm man nach jahrelangen Bemühungen die von der Nebenbahn Neustadt an der Waldnaab–Eslarn abgehende Stichbahn von Floß nach Flossenbürg am 1. Mai 1913 in Betrieb. Die beharrliche Haltung brachte auch der Grenzstadt Schönsee bis 1. August 1913 den Bahnanschluß nach Oberviechtach ein. Als letztes großes Bahnbauprojekt wurde die Verbindung von Wutzlhofen nach Falkenstein in den vorderen Bayerischen Wald am 22. Dezember 1913 eröffnet. Pläne zum Weiterbau nach Cham ließen sich nicht mehr verwirklichen. Der definitiv letzte Streckenbau im oberpfälzischen Schienennetz war jedoch die Verlängerung von Neunburg vorm Wald nach Rötz. Durch die Weiterführung wurde in Neunburg der Bau eines ganz neuen Bahnhofes notwendig, den man nur gut 200 m vom bisherigen Standort anlegte. Somit konnte die Strecke am Ortszentrum vorbeigeführt werden. Die Streckeneröffnung von Neunburg über Hillstett nach Rötz am 7. August 1915 fiel bereits in die Zeit des Ersten Weltkrieges. Der Fortgang des Krieges ließ aufgrund der knapper werdenden Mittel weder in der Oberpfalz noch sonstwo in Deutschland kaum mehr Raum für den Eisenbahnbau. Projekte wie beispielsweise der bereits bewilligte zweigleisige Ausbau zwischen Wiesau und Eger kamen nicht mehr zur Ausführung. Der verlorene Krieg und die sich anschließenden schwierigen zwanziger Jahre machten jedwede Bemühungen zunichte. Erst unter den nationalsozialistischen Machthabern kam Ende der dreißiger Jahre ein weiterer Ausbau zur Leistungssteigerung des bestehenden Streckennetzes in Gang. Nun war es der Ausbruch des Zweiten Weltkieges, der den begonnenen zweigleisigen Ausbau zwischen Amberg und Irrenlohe sowie die Streckenbegradigung nördlich des Bahnhofs Schwandorf zum Erliegen brachte. Sieht man einmal von Erweiterungen innerhalb der Bahnhöfe ab, blieb das Schienennetz von 1915 bis zum Streckenrückbau ab den siebziger Jahren weitgehend unverändert.

2 Bürgerprotest aus Rötz – das Schicksal einer Nebenbahn

Wenn heute eine Nebenbahn stillgelegt und abgebaut wird, löst dies in den Gemeinden keine sonderliche Bestürzung mehr aus. Längst sind derartige Maßnahmen an der Tagesordnung, die zudem kaum mehr unmittelbare Nachteile für die betroffenen Regionen bringen. Ein landauf, landab bestens ausgebautes Straßennetz überzieht die alte Bundesrepublik beinahe flächendeckend mit entsprechend guten Anbindungen bis in den letzten Winkel hinein. Schon von daher, durch die Bevölkerung so gut wie überhaupt nicht mehr wahrgenommen, rufen beabsichtigte Streckenschließungen folglich in der Kommunalpolitik allenfalls mäßiges Aufbegehren hervor.

Noch vor einem viertel Jahrhundert war die Situation besonders im strukturschwachen Grenzgebiet zur ehemaligen Tschechoslowakei – gleiches galt für die innerdeutsche Grenze – eine völlig andere. In der Eisenbahn sah man weiterhin den unverzichtbaren Wegbereiter des wirtschaftlichen Aufschwungs. Denn gerade auf dem Lande vermochten sich, nicht selten aus eigener Anschauung, noch viele Menschen daran erinnern, welche Vorteile ihnen die Eisenbahn gebracht hatte und unter welchen Entbehrungen ihre Groß- und Urgroßväter den Eisenbahnbau überhaupt erst ermöglichten. Wollte man also ihrer Bahn ans Leder gehen, wurde dies nicht tatenlos hingenommen, sondern forderte, nicht nur aus strukturpolitischen Gründen, den uneingeschränkten Fortbestand. Daß allerdings, wie im Fall der oberpfälzischen Gemeinde Rötz, beinahe der ganze Ort auf die Straße ging, um für den Erhalt der Bahn zu demonstrieren, war in dieser Form wohl ein einmaliger Vorgang. Weniger die Stillegung an sich brachte die Bürger auf die Straße, als vielmehr die Art und Weise, wie hier politische Zusagen plötzlich ignoriert wurden.

Zweifelsohne gehörte die in Bodenwöhr Nord in östlicher Richtung von der eingleisigen Hauptbahn Schwandorf–Furth im Wald abzweigende Lokalbahn nach Rötz (ex KBS 423d) Zeit ihres Lebens nicht gerade zu den gewinnbringenden Nebenbahnen. Besonders die erst im Jahre 1915 fertiggestellte Verlängerung über Neunburg vorm Wald hinaus bis Rötz konnte mit kaum spektakulären Frachtraten aufwarten. Dennoch kamen der Linie im Wagenladungsverkehr unverzichtbare lokale Aufgaben zu, die gesamtwirtschaftlich gesehen den Weiterbetrieb allemal rechtfertigten.

Als im Jahre 1954 erstmals Pläne zur Anlage des Eixendorfer Stausees im Murnthal zwischen Neunburg vorm Wald und Rötz auftauchten, nahm das Schicksal der Teilstrecke Neunburg vorm Wald–Rötz seinen scheinbar unausweichlichen Lauf. Im Zusammenhang mit dem als Wasserrückhaltespeicher gedachten Stausee hätte nämlich die Bahnlinie zwischen dem Haltepunkt Frankenschleife und dem Bahnhof Seebarn (Oberpf) auf 4,2 km neu verlegt werden müssen. Nach Abzug der für den Ersatzverkehr veranschlagten Straßenbaukosten beliefen sich die Mehrkosten für die erforderliche Neutrassierung der Bahn auf 10 Mio. DM. Summen, die im Straßenbau nichts Besonderes darstellen, bescherten der Bahn nach Rötz den vorzeitigen Exitus.

Wie sollte es auch anders sein, der Weg von den ersten Stillegungsabsichten bis zum plötzlichen Ende der Teilstrecke wurde von zahlreichen Ungereimtheiten begleitet. Im Jahre 1962 forderte die Deutsche Bundesbahn im Zusammenhang mit dem Stausee-Projekt als Ausgleich für die wirtschaftlichen Nachteile bei einer notwendig werdenden Verlagerung des Schienenverkehrs auf die Straße noch eine Entschädigungszahlung von 2,79 Mio. DM durch den Freistaat Bayern. Das Blatt sollte sich jedoch schon bald wenden, als die zuständige BD Regensburg am 7. Dezember 1964 aufgrund der nun unbefriedigenden Auslastung der Strecke für den Abschnitt Neunburg vorm Wald–Rötz erstmals einen Stillegungsantrag stellte. Da Nebenbahnen seinerzeit im Grenzgebiet noch einen stark ausgeprägten strukturfördernden Stellenwert hatten, wurde das Stillegungsverfahren jedoch nicht aufgenommen. Noch lag die politische Hemmschwelle sehr hoch, derartige Strecken einfach von der Landkarte verschwinden zu lassen.

Einen neuerlichen Vorstoß unternahm die BD Regensburg am 10. Juli 1968, als sie die Einstellung des Personenverkehrs zwischen Bodenwöhr Nord und Rötz und gleichzeitig ab Neunburg vorm Wald die Gesamtstillegung beantragte. Mit Erlaß vom 3. Oktober 1969 wurde dem Antrag insoweit stattgegeben, daß der Zugbetrieb noch solange aufrechterhalten bleibt, bis die Bauarbeiten am Stausee bei Eixendorf diesen Schritt erforderlich machen. Nach den Planungen sollte damit der Zugbetrieb bis 1972 sichergestellt werden, zumal die Ausgleichsmaßnahmen im Straßenbau aus finanziellen Gründen nicht früher zu bewerkstelligen waren.

Die Stillegungsabsichten hatten sich bei der Deutschen Bundesbahn jedoch mittlerweile soweit festgesetzt, daß die seit Jahren vernachlässigten Unterhaltsarbeiten schließlich zum Anlaß genommen wurden, die Strecke – die abschnittsweise nur noch mit 10 km/h befahren werden durfte – mit Wirkung zum 14. Dezember 1969 aus technischen Gründen stillzulegen. Ironie des Schicksals: Die letzte, voll besetzte Schienenbusgarnitur traf trotz der angeblich schlechten Gleislage gute 10 Minuten vor Plan in Rötz ein!

Die Gesamtstillegung wenige Tage vor dem Weihnachtsfest traf die Gemeinde Rötz unverhofft. Um unumgängliche Fakten zu schaffen, wurde bereits am 29. Dezember 1969 mit dem Abriß einiger Gleise in unmittelbarer Nähe des Bahnhofs begonnen. Übrigens eine Vorgehensweise, die in späteren Jahren bei der Deutschen Bundesbahn leider Schule machte. Dieser Tatbestand ließ die Wogen in der 2300-Seelen-Gemeinde Rötz hoch schlagen. Da weder der Landrat noch die bayerische Staatsregierung mit dem Vorgang etwas zu tun haben wollte, versuchte man den schwarzen Peter kurzerhand dem Bundesverkehrsminister in Bonn zuzuschieben. Letztlich fühlte sich keine der beteiligten Seiten schuldig. Daraufhin legten der Bürgermeister sowie der Stadtrat von Rötz am 22. Januar 1970 unter Protest ihr Mandat nieder. Doch damit nicht genug. Am 15. Februar 1970 rief das „Aktionskomitee der Bürgerschaft Rötz“ zu einem groß angelegten Protestmarsch gegen die Stillegung der Bahn auf. Rund 2000 Bürger aus Rötz und Umgebung fanden sich am stillgelegten Bahnhof ein. Mit Transparenten und Spruchbändern setzte sich der Demonstrationszug zu der auf dem Marktplatz stattfindenden Kundgebung in Bewegung. Übergangsweise mußte ein kommissarischer Bürgermeister eingesetzt werden. Bei der Landratswahl fanden nur 4,6 % der Wahlberechtigten den Weg zur Urne.

Unübersehbar wurde auf die letzte Fahrt hingewiesen.

Gegen die Streckenstillegung protestierte am 15. Februar 1970 die Bevölkerung mit einem Demonstrationszug vom Bahnhof Rötz in die Innenstadt.

Hillstett

Ausschnitt einer zeitgenössischen Postkarte mit der Ansicht des Bahnhof Rötz.

Ausschnitt einer zeitgenössischen Postkarte mit der Ansicht des Bahnhof Rötz.

Wenn auch alle Proteste an der Situation nichts mehr zu ändern vermochten, so wurde hier doch deutlich, daß auch die Bürger in der Provinz aufbegehren, die ihnen zugesagten Strukturmaßnahmen im Sinne der Grenzlandförderung einzufordern.

Mit der Demontage der Gleise zwischen Rötz und Neunburg vorm Wald wurde erstmalig eine Bahnverbindung im Grenzland abgebaut. Einstmals als letzte in der Oberpfalz gebaute Teilstrecke in Betrieb genommen, war sie zugleich die erste, die nach nur gut 54 Jahren ausgedient hatte. Bis auf den vom Stausee überfluteten Abschnitt wurde auf der übrigen Trasse ein Wanderweg angelegt. Am einstigen Bahnhof Hillstett befindet sich heute das sehenswerte Oberpfälzer Handwerksmuseum, das als besondere Attraktion die ehemalige DB-Dampflok 064 355-1 beherbergt.

Bereits wenige Tage nach der Stillegung wurden die ersten Gleise im Bahnhof Rötz entfernt.

Beim ehemaligen Bahnhof Hillstett befindet sich heute das Oberpfälzer Handwerksmuseum.

3 Aus der Frankenmetropole ins bayerisch-böhmische Grenzland

Der guten Anbindung wegen wählen wir die Hauptstadt Frankens als Ausgangspunkt einer Bahnfahrt durch die Oberpfalz nach Furth im Wald ins bayerisch-böhmische Grenzland. Fünf wichtige Fernverbindungen im ICE- und IC/EC-Verkehr nehmen teilweise im Stundentakt ihren Weg über Nürnberg, so daß die Anfahrt aus nahezu ganz Deutschland problemlos möglich ist. Durch den InterRegio und die RegionalSchnellBahn bieten sich weitere Anreisemöglichkeiten aus der bunten Angebotspalette der „Neuen Bahn“. Wer es „rustikal“ liebt, hat natürlich auch weiterhin die Möglichkeit, aus der näheren Umgebung mit dem aus Silberlingen gebildeten Nahverkehrszug anzureisen.

Nürnberg ist nicht nur die Stadt der ersten deutschen Eisenbahn, sondern war gleichermaßen nördlicher Ausgangspunkt der Bayerischen Ostbahn, des Wegbereiters des oberpfälzischen Schienennetzes. Wer die Entwicklungsgeschichte der Eisenbahn Revue passieren lassen möchte, dem sei das vom Hauptbahnhof bequem per pedes erreichbare Verkehrsmuseum nahegelegt. Nicht weniger interessant ist der Besuch des liebevoll zusammengestellten Spielzeugmuseums. Für den Kunst- und Geschichtsbeflissenen sind die Städtischen Kunstsammlungen sowie das Germanische Nationalmuseum lohnende Ziele. Der Besuch der Stadt wäre nur eine halbe Sache, ohne die Nürnberger Bratwürste probiert zu haben. Überall in der Altstadt werden sie feilgeboten. Beim Schlendern durch die Gassen möchte man kaum glauben, daß die Stadt der pompösen Reichsparteitage am Ende des Zweiten Weltkrieges den alliierten Luftangriffen nahezu vollständig zum Opfer fiel. Bis hin zur eindrucksvollen Burg wurden viele historische Gebäude originalgetreu wiederaufgebaut oder sind restauriert worden. Eine weitere Attraktion Nürnbergs ist in der Vorweihnachtszeit der Christkindlmarkt, der die Besucher trotz seiner unzähligen Konkurrenten in Scharen anlockt.

Nach dem kurzen Streifzug durch die Frankenmetropole nun zurück zum regen Treiben im Hauptbahnhof. Zielstrebig wollen wir den Bahnsteig 16 oder 21 ansteuern, wo die NeiTech-Triebzüge der Reihe 610 („Pendolino“) des RegionalSchnellBahn-Systems Ostbayern (RSO) ihre Fahrt antre-

Um den in Hartmannshof beginnenden Steigungsabschnitt bis Neukirchen (b Sulzbach-Rosenberg) bewältigen zu können, erhielt die 218 003 am 28. Juli 1985 mit ihrem für die Maxhütte in Sulzbach-Rosenberg bestimmten Kokszug Schubunterstützung durch eine 290.

ten. Zunächst führte man mit Erfolg ab 31. Mai 1992 auf der RSB-Linie 1 Nürnberg–Bayreuth/Hof den Zugbetrieb mit dem „Pendolino" ein. Schon im darauffolgenden Jahr wurde ab dem 23. Mai 1993 dieses zukunftsweisende Modell durch die RSB-Linie 2 Nürnberg–Weiden/Schwandorf–Furth im Wald auf das Gebiet der Oberpfalz ausgeweitet. Seither werden die wichtigen Städte der mittleren Oberpfalz, Amberg und Schwandorf im Ein-Stunden-Takt sowie Weiden im Zwei-Stunden-Takt, optimal mit dem Fernverkehrsknoten Nürnberg verbunden. Über Schwandorf hinaus besteht im Vier-Stunden-Takt noch die Anbindung über Cham nach Furth im Wald. Für das Verkehrsaufkommen beider Linien stehen dem Bw Nürnberg 1 zwanzig 610-Einheiten zur Verfügung.

Welch enormer Zugewinn die RegionalSchnell-Bahn mit den kurzen Übergangszeiten von und auf den Fernverkehr in Nürnberg nicht nur für die Region bringt, kann vor allem der Fernreisende beurteilen, der vor der Einführung des Taktfahrplans nach Schwandorf oder Weiden fahren wollte. Nicht selten mußten in Nürnberg Übergangszeiten von einer Stunde und mehr in Kauf genommen werden, um dann eine ebenso zeitraubende wie unkomfortable Reise mit dem Nahverkehrszug antreten zu müssen. Erwischte man einen Dieseltriebwagen der Reihe 614, ging es zwar vergleichsweise bequem voran, hinsichtlich seiner Fahrleistungen konnte der Triebwagen jedoch schon bei seiner Auslieferung in der ersten Hälfte der siebziger Jahre kaum glänzen. Der Reiz einer Bahnfahrt in der Oberpfalz lag daher allenfalls bei der abwechslungsreichen Landschaft.

Nun, die Zeiten haben sich hier grundlegend geändert. Inzwischen schauen viele Bundesländer neidvoll auf das erfolgreiche Verkehrskonzept in Ostbayern. Die Fahrzeiten auf den 94 km bis Schwandorf konnten um bis zu 30 Minuten gesenkt werden. An allen Tagen der Woche bringt der „Pendolino" die Fahrgäste von den frühen Morgenstunden bis in die Nacht hinein im Ein-Stun-

2
610 011-9

den-Takt in 56 Minuten nach Schwandorf oder umgekehrt von dort in 59 Minuten in die Frankenmetropole.

Natürlich beginnen auch wir unsere Bahnreise ins bayerisch-böhmische Grenzland in Nürnberg mit dem wohl interessantesten Triebfahrzeug, das die Deutsche Bahn nach dem ICE derzeit zu bieten hat. Das sonore Motorengeräusch vermittelt schon im Leerlauf etwas von der „Power“ des 610. Die Dynamik des gefälligen Fahrzeugs wird in der Seitenansicht vor allem durch das hochliegende, flach wirkende Fensterband und den markanten Dachaufbau unterstrichen. Beim Betreten des Wagens besticht das farbenfrohe Interieur, das zum Verweilen geradezu einlädt. Kaum haben wir Platz genommen, setzt sich die als RSB 3515 laufende Einheit in Bewegung und bringt uns bei sieben Zwischenstops in nur eindreiviertel Stunden in das 161 km entfernte Furth im Wald. Die ersten 45 km bis Neukirchen (b Sulzbach-Rosenberg) werden rechts der Pegnitz vorbei an Lauf und Hersbruck nonstop zurückgelegt. Wer an einer der zahlreichen Zwischenstationen aussteigen möchte, muß allerdings mit einem deutlich langsameren Nahverkehrszug vorliebnehmen. Zunächst verläuft die Bahnlinie von Nürnberg eher monoton bis Hersbruck (r Pegnitz), um dort die gemeinsam genutzte Trasse mit der durchs Pegnitztal nach Bayreuth weiterführenden KBS 860 zu verlassen. Mittels einer eingleisigen Verbindung über den Flußlauf der Pegnitz wird bei Pommelsbrunn die ebenfalls von Nürnberg kommende Strecke links der Pegnitz erreicht.

Seit dem Fall des „Eisernen Vorhangs‘ hat die heute in die KBS 870/875 (ex KBS 860) unterteilte Linie nach Furth im Wald im grenzüberschreitenden Personenverkehr mit der Tschechischen Republik an Bedeutung zugenommen. Seit dem 23. Mai 1993 ist das D-Zug-Paar 265/264 Nürnberg–Prag–Nürnberg zum IC 169/168 „Franz Kafka“ aufgewertet worden. Ab Schwandorf kommt noch das über Regensburg laufende EC-Paar 167/166 „Albert Ein-

Ein dreiteiliger „Pendolino“ am 27. August 1993 in der Steigung vor Etzelwang.

stein" Interlaken–Prag–Bern (ex D 369/368) hinzu. Der wiedergewonnenen Reisefreiheit der Tschechen stand die Deutsche Bundesbahn anfangs auf der Strecke oft hilflos gegenüber. In dem aus nur vier Reisezugwagen gebildeten E 3511 von Nürnberg nach Furth im Wald beispielsweise herrschte oftmals drangvolle Enge. Man konnte froh sein, zwischen Koffern und Paketen ein Plätzchen auf dem Gang zu ergattern. Dem Zug einige Verstärkungswagen beizustellen, sah sich die BD Nürnberg außerstande, gab es doch einen allgemeinen Mangel an Reisezugwagen. Gottlob gehören derartige Zustände der Vergangenheit an.

In den weichen Sitzen des zwar gut besetzten, aber keineswegs überfüllten „Pendolino" läßt sich auf angenehme Art und Weise nicht nur in Erinnerungen schwelgen. In flotter Fahrt wird nun der Bahnhof Hartmannshof durcheilt, dessen Bild zur Linken von einem Zementwerk bestimmt wird. Die alten Stellwerke sind genauso wie das Empfangsgebäude zwischenzeitlich der Spitzhacke zum Opfer gefallen, an deren Stelle nun ein nüchterner Zweckbau getreten ist. Über die in Hartmannshof beginnende Rampe werden vereinzelt noch heute schwere Kokszüge für die Maximilianshütte (kurz: Maxhütte) in Sulzbach-Rosenberg bis Neukirchen (b Sulzbach-Rosenberg) von der Reihe 290 nachgeschoben. Unbeeindruckt von den ungünstigen Neigungsverhältnissen strebt unser Zug durch das sich verengende Lehental weiter bergwärts. Inzwischen ist die Grenze der Regierungsbezirke Mittelfranken und Oberpfalz überschritten worden, womit genaugenommen erst die Region erreicht ist, die Gegenstand der vorliegenden Publikation ist. Vorüber an Lehenhammer und Lehendorf taucht vor uns das Ortsbild von Etzelwang mit der kleinen Kirche auf. Kurz darauf wird der Haltepunkt des Ortes durchfahren. Das stattliche Empfangsgebäude erinnert auch hier an bessere Tage der Eisenbahn. Wenig später ist dann auch schon der Trennungsbzw. Vereinigungsbahnhof Neukirchen (b Sulzbach-Rosenberg) der RSB-Linie 2 nach Weiden bzw. Schwandorf/Furth im Wald erreicht. In unserem Fall müssen jedoch die Reisenden in Richtung Weiden in den langsameren, alle Unterwegsstationen bedienenden Dieseltriebzug der Reihe 614 (oder Reihe 628.4) umsteigen, der abwechselnd mit der RSB den Anschluß nach Weiden gewährleistet. Immerhin benötigen diese Triebwagen gegenüber dem „Pendolino" auf den 52 km bis Weiden eine um 17 Minuten längere Fahrzeit.

Auffallend in Neukirchen sind trotz des an die RSB angepaßten „Outfits" des Bahnhofs die aus dem Dampflokzeitalter erhalten gebliebenen hölzernen Bahnsteigüberdachungen, die weiterhin ihren Zweck erfüllen. Inzwischen sind nämlich die einstmals für die Bahnhöfe der Oberpfalz so typischen Holzüberdachungen selten geworden. Das für den kleinen Ort recht weitläufig wirkende Bahnhofsareal deutet noch immer auf die ehemaligen Aufgaben der Abzweigstation hin. Bis zum Ende der Dampflokunterhaltung Anfang 1975 hatte das Bw Schwandorf hier eine Außenstelle mit Rundschuppen und Drehscheibe. Längst wurde die Anlage dem Erdboden gleichgemacht.

Wer die Kurvenlage des „Pendolino" während der Fahrt hautnah miterleben möchte, sollte einmal vom Vorraum aus dem Triebwagenführer über die Schulter schauen. Nach Verlassen des Bahnhofs Neukirchen hat man so einen freien Blick auf die weiterhin bergan führende Strecke, bis etwa 2 km östlich bei Schönlind am Scheitelpunkt der Strecke die Wasserscheide zwischen Main und Donau passiert wird. Auf einem hohen Damm geht es nun stetig bergab, vorbei an der einsam gelegenen Blockstelle Mainshof. Bald darauf, nach dem Überqueren der Bundesstraße 85, liegt vor uns die Residenz- und Eisenstadt Sulzbach (1934 wurde Sulzbach mit dem benachbarten Rosenberg zusammengelegt). Weithin sichtbar bestimmen das Schloß sowie die gotische Pfarrkirche Mariä Him-

Nach einem Zwischenhalt in Etzelwang setzt die 218 304 am 20. Mai 1981 mit dem N 5549 die Fahrt in Richtung Schwandorf fort.

Vor dem N 5533 Nürnberg–Schwandorf gelangten Aschaffenburger 215 zeitweise planmäßig in die Oberpfalz. Am 26. August 1982 war die 215 134 unterwegs bei Neukirchen (b Sulzbach-Rosenberg).

melfahrt und die Wallfahrtskirche St. Anna das Stadtbild und künden den nächsten Halt an. Der Triebwagen rollt ohne Kraftanstrengung hinunter in den Bahnhof von Sulzbach-Rosenberg. Das gepflegte Empfangsgebäude erinnert noch heute an den Baustil der Bayerischen Ostbahn.

Kaum daß der RSB 3515 wieder an Fahrt gewonnen hat, taucht die Maxhütte auf, vor deren Kulisse sich der Zug elegant in eine Linkskurve legt. Vorbei an der 1853 gegründeten Maxhütte, dem größten eisenschaffenden Werk Süddeutschlands, lassen wir den Bahnhof Sulzbach-Rosenberg Hütte hinter uns. Gegen den Niedergang der deutschen Stahlindustrie hat auch die Maxhütte seit Jahr und Tag anzukämpfen. Zur Zeit werden noch zwei Hochöfen beschickt. Mit dem allmählichen Bedeutungsverlust des Werkes geht auch der Rückgang des einstmals beachtlichen Montanverkehrs der Strecke einher.

In Fahrtrichtung rechts taucht bald gegenüber dem gleichnamigen Bahnhof das ehemalige Hüttenwerk Luitpoldhütte auf. Obwohl der Erzbergbau schon 1964 endete, ist das Werk durch seine Gießerei als größter Industriebetrieb Ambergs erhalten geblieben. Der Bahnhof Luitpoldhütte wurde mit Beginn des Sommerfahrplans am 2. Juni 1985 für den Personenverkehr aufgelassen. Die östlich der Stadt auf einem Berg gelegene Wallfahrtskirche Maria Hilf zeigt dem kundigen Reisenden an, daß wir in wenigen Augenblicken im Bahnhof Amberg einlaufen werden. Am Nordkopf des Bahnhofs befindet sich noch ein 5ständiger Lokschuppen mit Drehscheibe, der ebenfalls einmal als Außenstelle dem Bw Schwandorf unterstellt war. Zumeist am Wochenende werden hier noch die auf der Nebenbahn nach Schnaittenbach eingesetzten Lokomotiven der Reihe 290 sowie diverse Baufahrzeuge abgestellt. Das ausgesprochen häßlich anmutende Empfangsgebäude aus dem Jahre 1962 ist wirklich kein Aushängeschild für das sehenswerte Amberg. Die historisch bedeutende und industriell rege Stadt besticht durch ihren mittelalterlichen Stadtkern. Wohlhabend wurde der Ort durch den blühenden Handel mit Erz und Eisen. Er war bis 1810 zudem Sitz der Oberpfälzischen Regierung. Erst in jüngster Zeit wurden viele der alten Häuser sowie Teile der Ringmauer mit ihrem Wehrgang liebevoll restauriert. Wer mit offenen Augen durch die Altstadt geht, findet hier sogar noch den längst ausgestorben geglaubten Tante-Emma-Laden!

Vor einem Autotransportzug aus der ČSFR erklimmt am 9. September 1987 die 217 013 die Steigung nördlich von Sulzbach-Rosenberg.

In der Steigung hinter Sulzbach-Rosenberg leistet am 4. Juni 1985 die 211 256 (Bw Hof) einer Regensburger 218 Vorspann.

Vor der markanten Stadtkulisse Sulzbach-Rosenbergs konnte am 4. Juni 1985 die 218 200 mit einem Autotransportzug aus der ČSFR aufgenommen werden.

Die Nebenbahnen um Amberg

Amberg war einmal Ausgangspunkt von drei Nebenbahnen. Nur die Strecke **Amberg–Schnaittenbach** (ex KBS 862) hat die Zeiten überstanden. Der Personenzugverkehr wurde jedoch auch hier schon vor langer Zeit, am 30. Mai 1976, eingestellt. Vornehmlich durch den Transport von Kaolin und Zement weist die Strecke auch heute noch ein reges Frachtaufkommen auf. Teilweise müssen die Güterzüge sogar nachgeschoben werden. Auf dem sogenannten „Monte Kaolino" in Hirschau lagern die Amberger Kaolinwerke etwa 30 Mio. t Porzellanerde. Die Halde wurde vor rund 60 Jahren aufgeschüttet. Im Sommer dient das weiße Quarzmehl des 150 m hohen „Monte Kaolino" als Ski- und Rodelpiste, der längst als Touristenattraktion berühmt wurde. Die Porzellanerde ist Ausgangsmaterial für die oberpfälzischen Porzellanmanufakturen in Weiden, Selb und Arzberg.

Anders erging es der Nebenbahn **Amberg–Lauterhofen** (ex KBS 423b), die schon vor gut zwei Jahrzehnten abgebaut wurde und von der Landkarte verschwand. Die Verbindung von Amberg über Ursensollen und Kastl nach Lauterhofen gehörte nicht nur zu den landschaftlich schönsten oberpfälzischen Nebenbahnen, sondern führte gleichzeitig durch ein ausgesprochen dünn besiedeltes Gebiet. Das fehlende Fahrgastaufkommen bescherte ihr die Einstellung des Personenverkehrs schon am 1. Juli 1962. Als die wenigen Bahnkunden zudem immer häufiger ihre Waren über die Straße erhielten, kam bald auch das Aus für den Güterzugverkehr. Als am 29. März 1972 die letzte Übergabe mit einer Schwandorfer 211 gefahren worden war, folgte am 1. April 1972 die formelle Gesamteinstellung. Anfang 1973 wurde schließlich die Strecke zwischen Lauterhofen und dem an der Strecke nach Schmidmühlen gelegenen Bahnhof Drahthammer demontiert.

Wenigstens hinsichtlich des Güterzugverkehrs konnte sich die Nebenbahn **Amberg–Schmidmühlen** (ex KBS 423a) deutlich länger behaupten. Ihre Route entlang der Vils stand in puncto landschaftlicher Reize der Lauterhofener Bahn kaum nach. Allerdings wurde auch hier nur vier Jahre später, am 1. Juli 1966, der Personenverkehr eingestellt. Für das weitaus größte Frachtaufkommen sorgte das unmittelbar an der Strecke gelegene Kalkwerk Vilshofen, das lange Zeit die Eisen- und Stahlwerke in Sulzbach-Rosenberg und Maxhütte-Haidhof versorgte.

Bis zum Beginn des Sommerfahrplan 1982 bediente eine 211 des Bw Schwandorf montags bis freitags die Strecke durch eine Übergabe. Danach fuhren am Montag, Mittwoch und Freitag nur noch Schwandorfer Kleinloks der Reihe 332/333. Ein baldiges Ende schien vorgegeben. Doch im Jahre 1984 sollte die Strecke im Güterverkehr wenigstens übergangsweise eine Renaissance erleben. Ein Auftrag der Bayernwerk AG zur Lieferung großer Mengen Kalksteins für die Rauchgasentschwefelungsanlage ihres Braunkohlekraftwerkes in Schwandorf-Dachelhofen machte es möglich. Bei Bedarf fuhr an drei Tagen in der Woche (dienstags, donnerstags und samstags) von Schwandorf aus ein aus 18 oder 19 Fad-Wagen bestehender Ganzzug das Kalkwerk in Vilshofen an. Außergewöhnlich war die Bespannung des Zugs: Von Schwandorf nach Amberg lief der Leerzug mit zwei Hofer 211 an der Spitze und einer weiteren 211 als Schlußlok; nach dem Kopfmachen in Amberg ging es in umgekehrter Reihenfolge zum Beladen nach Vilshofen. In unveränderter Anordnung brachten die Loks schließlich den etwa 1 500 t schweren Ganzzug zurück nach Amberg, wo dann die Schlußlok zur Weiterfahrt nach Schwandorf auch an die Zugspitze gestellt wurde. Mit der Gesamtstillegung der Reststrecke am 28. Mai 1988 gehörte die Episode der Vergangenheit an. Der Abschnitt Vilshofen–Schmidmühlen war übrigens schon seit dem 1. Juni 1985 für den Gesamtverkehr eingestellt und im September 1986 abgebaut worden. Von Mai bis Oktober 1988 wurde dann auch das Gleis zwischen Vilshofen und Amberg entfernt. Im Jahre 1990 erwarb der Landkreis Amberg-Sulzbach die Bahntrasse und baute sie in den beiden darauffolgenden Jahren zwischen Haselmühl und Schmidmühlen zu einem Radwanderweg aus.

Inzwischen kommt unser Zug südlich von Amberg an dem gleichfalls seit dem 2. Juni 1985 im Personenverkehr nicht mehr bedienten Bahnhof

Mit dem E 3568 Schwandorf–Würzburg verläßt die 218 012 am 20. Mai 1981 gerade den Bahnhof Sulzbach-Rosenberg.

Der 798 683 wartet am 30. Mai 1985 im Bahnhof Sulzbach-Rosenberg auf den Abfahrauftrag.

Die Maxhütte in Sulzbach-Rosenberg hat die 218 203 mit einem Leerzug am 22. September 1985 gerade hinter sich gelassen.

In Amberg fährt der 798 661 (N 5531) am 26. Oktober 1985 an einem handbedienten Schrankenposten vorüber.

Die im Güterverkehr am stärksten frequentierte Nebenbahn in der Oberpfalz ist die Strecke Amberg–Schnaittenbach. Der am 14. April 1982 im Bahnhof Hirschau angekommene Güterzug bedurfte noch der Schubhilfe durch die 211 203.

Typisch für die Nebenbahnen in der Oberpfalz waren wie in Theuern (Strecke Amberg–Schmidmühlen) die einfachen, eingeschossigen Empfangsgebäude in Holzbauweise mit Satteldach (1. Juni 1982).

von Hiltersdorf vorüber, dessen Empfangsgebäude aus den dreißiger Jahren nun dem allmählichen Verfall preisgegeben ist. Kaum hat man sich umgesehen, huscht auch schon der verträumt daliegende Bahnhof Freihöls vorüber. Als der hochschwenkende Signalflügel freie Fahrt zeigt, wird der Triebwagen merklich beschleunigt, so daß die Tachonadel auf der Geraden im nahen Kiefernwald leicht zitternd bei knapp 170 km/h stehenbleibt! Gleich ist die Rechtskurve – die allerdings nur eine Höchstgeschwindigkeit von 100 km/h zuläßt – vor der Einfädelung bei Irrenlohe in die Hauptbahn Regensburg–Hof erreicht. Nun wird der Triebwagen ein letztes Mal beschleunigt, und er rollt über die Naabbrücke in den bedeutenden Knotenbahnhof im Herzen der Oberpfalz–Schwandorf – ein. Vor uns liegt auf dem 408 m hohen Kreuzberg das Wahrzeichen der Stadt, das nach dem Krieg mit modern-barocker Innengestaltung wiederaufgebaute, doppeltürmige Marienmünster. Die im weiten Naabbecken liegende Industriestadt hat ihre Entwicklung der Eisenbahn zu verdanken. Freilich ist wie vielerorts auch in Schwandorf vom einstigen Ruhm als Eisenbahnerstadt kaum etwas übriggeblieben.

Bedingt durch die ab Amberg eingleisige Streckenführung nach Furth im Wald muß die RSB 3515 in Schwandorf erst die Ankunft des N 6512 aus Furth im Wald abwarten. Der achtminütige Aufenthalt läßt etwas Zeit, sich im Bahnhof umzusehen, wo inzwischen die Farben der RegionalBahn-Fahrzeuge die Szene bestimmen. Vorbei sind die Einsätze der Hofer Schienenbusse, an deren Stelle die modernen Dieseltriebwagen der Reihe 628.4 getreten sind, die aber auch den 211-bespannten Personenzug haben selten werden lassen.

Die nun noch bis Furth im Wald verbleibenden 67 km werden bei drei Zwischenstops in 41 Minuten bewältigt. Zum Vergleich: Sogar die in der Relation nonstop laufenden IC/EC-Züge benötigen im Schnitt eine 44minütige Fahrzeit. Vorbei an Kronstetten tritt die Bahn in das ausgedehnte Waldgebiet des Taxölderner Forstes ein. Hier befindet sich

Die bis auf das Durchfahrgleis verrotteten Gleisanlagen im Bahnhof Drahthammer deuten darauf hin, daß hier schon lange keine Züge mehr abgefertigt wurden. Der Ganzzug mit der 211 307 an der Spitze und den schiebenden 211 028 und 029 befindet sich am 24. Oktober 1985 auf der Fahrt nach Vilshofen (Oberpf).

211 028 und 043 am 28. Mai 1985 an der Verladeanlage des Vilshofener Kalkwerkes.

In Ensdorf wurde am 27. Mai 1986 die 211 068 an der Spitze des leeren Kalkganzzuges nach Vilshofen (Oberpf) festgehalten.

211 191-2

Vor dem N 5549 Nürnberg–Schwandorf konnten am 27. Dezember 1981 die 218 200 und 206 im Bahnhof Freihöls angetroffen werden.

Nach dem Umsetzen im Bahnhof Schmidmühlen wird die 211 191 mit ihrem Nahgüterzug am 14. April 1982 zurück nach Amberg fahren.

Im Bahnhof Hiltersdorf halten schon lange keine Reisezüge mehr. Am 29. Dezember 1982 bestand noch die Möglichkeit, dem 798 654 zuzusteigen.

Gemeinsam schleppen die 211 307, 029 und 028 den Kalkganzzug von Vilshofen (Oberpf) nach Schwandorf; hier am 24. Oktober 1985 bei Hiltersdorf aufgenommen.

noch der ehemalige Bahnhof von Wackersdorf, der bis 2. Juni 1984 im Personenverkehr bedient wurde. Der nun private Eigentümer hat mit viel Fingerspitzengefühl das einstige Empfangsgebäude in ein Eigenheim umgestaltet. Bis zur Einstellung des Braunkohletagebaus Ende 1982 wurde das Geschehen in Wackersdorf von der Bayerischen Braunkohle-Industrie (BBI) bestimmt, als bald darauf die unscheinbare Gemeinde durch den Bau der atomaren Wiederaufbereitungsanlage (WAA) im Taxölderner Forst bundesweit Schlagzeilen machte. Durch den massiven Bürgerprotest kam das Projekt schließlich zu Fall. Auf dem riesigen WAA-Areal, an dem unser Zug vorüberkommt, ist zwischenzeitlich ein buntschillernder Industriepark entstanden. Ironie des Schicksals: Mit dem Verzicht zum Weiterbau der WAA mußte der Freistaat Bayern Ausgleichszahlungen an die Region leisten, wodurch die RSB-Linie 2 überhaupt erst ins Leben gerufen werden konnte!

Nochmals der planmäßig von drei 211 des Bw Hof bespannte Kalkganzzug von Vilshofen (Oberpf) nach Schwandorf am 30. März 1985 bei Freihöls.

Am Vormittag des 18. August 1982 setzen sich die 218 006 und die 217 021 in Schwandorf mit dem N 5915 Hof–Regensburg in Bewegung.

Der Abzweigbahnhof Bodenwöhr Nord

Vorbei an dem einsam im Wald gelegenen Bahnhof Altenschwand geht die Reise weiter. Erst in Bodenwöhr Nord wird die „Waldfahrt" unterbrochen. Auch hier gibt es sie noch – die hölzernen Bahnsteigüberdachungen. Beim Blick nach Norden erkennt man im Einfahrbereich des Bahnhofs die links nach Nittenau und gegenüber rechts nach Neunburg vorm Wald im Kiefernwald verschwindenden Nebenbahnen. Die Linie **Bodenwöhr Nord–Nittenau** (ex KBS 423e) war übrigens die erste Nebenbahn in der Oberpfalz, die ihren Personenzugverkehr verloren hat, und zwar am 24. Mai 1956. Im Güterzugverkehr hat sie sich bis heute behauptet. Während die einzige Unterwegsstation in Bruck (Oberpf) nicht mehr frequentiert wird, sorgt am Endpunkt in Nittenau vor allem eine Spanplattenfabrik für einen regen Warenumschlag. Bei Bedarf wird die Strecke sogar täglich zweimal von einer 211 des Bw Hof befahren.

Bis heute konnte sich auch die Nebenbahn **Bodenwöhr Nord–Neunburg vorm Wald** (ex KBS 423d) der einstmals bis Rötz weiterführenden Linie (nähere Einzelheiten im Kapitel „Bürgerprotest aus Rötz") durch ein bescheidenes Frachtaufkommen retten. Derzeit wird der Bahnhof der am Rande des Oberpfälzer Waldes gelegenen Pfalzgrafenstadt wöchentlich an drei Tagen (montags, mittwochs und freitags) bedient. Das immer recht ansehnliche Empfangsgebäude wurde erst jüngst in eine Speditions-Lagerhalle umfunktioniert. Eine neue, die Bahnlinie kreuzende Umgehungsstraße zum Neunburger Industriegebiet läßt darauf schließen, daß das Ende der Nebenbahn nicht mehr lange auf sich warten lassen wird. Wen es nach Neunburg vorm Wald verschlägt, der sollte unbedingt im Weißbier-Keller des Neunburger Brauhauses eine zünftige Brotzeit mit Weißbier vom Faß einplanen. Aber Vorsicht: Wer dort an heißen Sommertagen Erfrischung sucht, sollte auf der Hut sein, denn sonst wird er beim Verlassen des kühlen Gewölbekellers sein blaues Wunder erleben!

Und weiter geht die Fahrt von Bodenwöhr Nord durch dichtes Waldgebiet. Fernab jeder Siedlung befand sich bei km 24,6 einmal der Bahnhof Neukirchen-Balbini; nur ein hinter Bäumen verstecktes Stellwerksgebäude zeugt heute von der einstigen Bahnstation. Zuletzt hielten hier bedarfsweise einige wenige Schienenbusse, bis schließlich am 3. Juni 1984 auch die Bedarfshalte entfielen. Der einige Kilometer weiter östlich ebenfalls abseits im Wald gelegene Bahnhof Neubäu wird dagegen noch durch Nahverkehrszüge bedient. Ebenso wie Bodenwöhr Nord wurde erst kürzlich der Bahnhof Neubäu auf moderne Lichtsignaltechnik umgestellt. Formsignale sind mit Ausnahme von Cham nur noch zwischen Roding und Furth im Wald anzutreffen. Nächster Halt für unseren Zug ist der Bahnhof Roding. Der Weg in das abseits vom Bahnhof gelegene Städtchen am Regen ist zwar mit einem längeren Fußmarsch verbunden, wer jedoch die ländliche Atmosphäre dieser oberpfälzischen Kleinstadt sucht, wird sich davon wohl kaum abhalten lassen.

Auf das immer wieder beim Anfahren zu verspürende Ruckeln angesprochen, gibt der Triebwagenführer bereitwillig Auskunft darüber, daß es durch die leichte Konstruktion des 610, gepaart mit seiner

Nur ein Reisender erwartet am 14. April 1982 den N 6517 in Bodenwöhr Nord.

üppigen Motorleistung, beim Beschleunigen aus dem Stand immer wieder zu Traktionsschwierigkeiten käme. Am besten fährt es sich seiner Meinung nach mit „ordentlich Fleisch“ an Bord, wenn der Triebwagen voll besetzt oder gar überbelegt ist. Vorbei am Haltepunkt Pösing geht es anschließend unweit des Regen entlang einiger Weiher. Hochherrschaftlich ragt kurz darauf am Horizont die Kirche des ehemaligen Franziskanerklosters aus dem Weichbild der im Talbecken des Regen gelegenen Stadt Cham hervor.

Zwischen den Fahrten auf den Nebenbahnen nach Neunburg vorm Wald bzw. nach Nittenau rangiert die 211 318 am 25. Oktober 1985 im Bahnhof Bodenwöhr Nord.

Auf dem Weg von Neunburg vorm Wald nach Bodenwöhr Nord fährt der Üg 67535 am 4. September 1987 an der aufgelassenen Bahnstation von Penting vorüber.

Mit der Übergabe nach Bodenwöhr Nord hat die 211 203 (Bw Schwandorf) am 23. August 1983 die alte Pfalzgrafenstadt Neunburg vorm Wald verlassen.

Am 25. Oktober 1985 rangiert die 211 318 im Bahnhof Neunburg vorm Wald.

Auf der Nebenbahn von Bodenwöhr Nord nach Nittenau konnte am 11. Mai 1981 die 211 200 (Bw Schwandorf) bei Bruck (Oberpf) angetroffen werden.

Im Bahnhof Nittenau wartet die 211 200 am 14. April 1982 auf ihren nächsten Einsatz.

Längst verschwunden ist der ehedem einsam im Wald gelegene Bahnhof Neukirchen-Balbini. Der Schienenbus wird am 11. August 1982 seinen nächsten Halt erst wieder in Bodenwöhr Nord einlegen.

Der 614 017/018 läuft am 23. Oktober 1985 als E 3559 Nürnberg–Furth im Wald in Roding ein.

Im Bahnhof Roding wartet der N 6522 (798 661) am 23. Oktober 1985 die Kreuzung durch den D 469 nach Prag ab.

Von Cham in den Oberpfälzer und Bayerischen Wald

Im Bahnhof Cham (Oberpf) trifft unser Zug auf die Triebfahrzeuge der privaten Regental Bahnbetriebs-GmbH (RBG). Zum einen ermöglicht die RBG – die übrigens eine Gesellschaft der Regentalbahn AG (RAG) ist – über Miltach und Kötzting die Weiterfahrt nach Lam und zum anderen den Anschluß nach Waldmünchen. Bis zur Betriebsübernahme der Strecke **Cham (Oberpf)–Waldmünchen** (KBS 876) durch die RBG im Mai 1992 war diese Verbindung die letzte von der DB im Personenverkehr betriebene Nebenbahn in der Oberpfalz. Der Güterverkehr nach Waldmünchen wird ebenfalls von der RBG abgewickelt. Die Müllverladestation bei Willmering wird dagegen weiterhin durch DB-Fahrzeugen bedient. Den „Mülltourismus“ führte man im Jahre 1982 mit der Inbetriebnahme der Müllverbrennungsanlage in Schwandorf ein. Sogar aus dem oberfränkischen Kulmbach sowie dem niederbayerischen Straubing wird der Müll in speziellen Containern per Bahn zur Verbrennung nach Schwandorf gebracht.

Schon seit dem Sommerfahrplan am 31. Mai 1981 wickelt die RAG den Betrieb auf der Nebenbahn **Cham (Oberpf)–Kötzting** (KBS 877) im Auftrag der DB ab. Genaugenommen kam die Strecke erst im Zusammenhang mit der Gebietsreform von 1972 zur Oberpfalz. Bis dahin gehörte der Landkreis Kötzting, der dem Landkreis Cham zugesprochen wurde, zu Niederbayern.

Auf der letzten Etappe verläuft die Bahn nun durch die nach Böhmen hinüberführende Cham-Further Senke, die den Oberpfälzer vom Bayerischen Wald trennt. In nur 12 Minuten durcheilen wir über Kothmaißling, Weiding und Arnschwang die letzten 19 km bis Furth im Wald. Am Bahnsteig des Grenzbahnhofes endet schließlich die Fahrt des RSB 3515.

Die 218 240 schleppt die auf der Fahrt von Nürnberg nach Furth im Wald schadhaft gewordene 614-Einheit (E 3559) am 21. Oktober 1985 zwischen Wetterfeld und Cham (Oberpf) ans Ziel.

Die Regental-Bahnbetriebs-GmbH (RBG) bot mit ihren Fahrzeugen am 5. Januar 1994 im Bahnhof Cham (Oberpf) von der RegionalSchnellBahn Anschluß in den Bayerischen Wald nach Lam sowie in den Oberpfälzer Wald nach Waldmünchen.

Ein Abstecher in die Innenstadt lohnt auch in Furth im Wald. Wer die einstmals von dieser Stadt ausgehende Ruhe in der Abgeschiedenheit des Grenzlandes kennengelernt hat, wird schnell feststellen, daß sich seit dem Fall des „Eisernen Vorhangs“ einiges geändert hat. Bekannt geworden ist der Ort durch eines der ältesten deutschen Volksschaupiele. Alljährlich im August wird hier in der Stadt der Drachenstich aufgeführt. Höhepunkt des Spektakels ist, wenn der Ritter hoch zu Roß den feuerspeienden Drachen durch einen Lanzenstich erlegt. Wer die nötige Zeit mitbringt, dem sei von Furth im Wald aus eine Triebwagenfahrt über Domažlice (Taus) nach Klatovy (Klattau) nahegelegt. Eine solche Bahnfahrt durchs Böhmische vermittelt eine für uns Bundesbürger so ungewohnte Eisenbahnatmosphäre. Sowohl Domažlice als auch Klatovy zeigen sich heute als sehenswerte und geschäftstüchtige Städte, deren Besuch allemal eine Reise wert ist. Nach einem ausgedehnten Geschäftsbummel lädt die örtliche Gastronomie zum Verweilen ein. Die teils liebevoll herausgeputzten Restaurants bestechen mit einem sagenhaften Preis-/Leistungsverhältnis, das einen kulinarischen Streifzug durch Böhmen zu einem ganz besonderen Erlebnis werden läßt!

Am 7. Juli 1980 steht ein Triebwagen der Regentalbahn AG im Bahnhof Cham (Oberpf) zur Abfahrt nach Lam bereit.

Heute wickelt die RBG den Güterverkehr auf der Nebenbahn Cham–Waldmünchen im Auftrag der DB ab. Am 19. Juni 1987 war es noch die 211 253 (Bw Hof), die die Übergabe bei Geigant schleppt.

Gerade erst hat am 19. Juni 1987 der 798 679 als N 7509 seine Fahrt in Waldmünchen angetreten.

Vor der Übergabe 67561 nach Cham verläßt die 211 035 am 23. Oktober 1985 den Bahnhof Waldmünchen.

Im Endbahnhof Waldmünchen treffen am 21. Oktober 1985 die 211 142 und der 798 659 aufeinander.

Bei Kothmaißling hat am 21. Oktober 1985 die 218 225 den aus Umbauvierachsern, Mitteleinstiegswagen und Silberlingen bunt zusammengestellten N 5546 Furth im Wald–Nürnberg am Haken.

Als N 5580 ist der 614 029/030 am 23. Juli 1986 im Bahnhof Kothmaißling eingetroffen.

Im Bahnhof Arnschwang entstand am 23. Oktober 1985 die Aufnahme des 798 661 (N 6517) mit angehängtem Gepäckwagen.

Vor den Ausläufern des Oberpfälzer Waldes brummt der N 6517 am 16. September 1987 durch die Cham-Further Senke; hier beim Haltepunkt Weiding.

Unmittelbar nach dem Grenzübertritt trifft die 753 364 am Abend des 8. August 1991 mit ihrem Personenzug nach Furth im Wald bei Klöpfelsberg auf ein ehemaliges Bahnwärterhaus.

Vor der Kulisse des Städtchens Etzelwang legt sich am 27. August 1993 die RSB 3514 in die Kurve.

ZELWANG

Der 614 009/010 rollt als E 3572 am 1. Mai 1987 die Etzelwanger Rampe hinunter.

Mit einem in Česka Kubice (Böhm. Kubitzen) übernommenen Güterzug hat die 217 021 am Abend des 28. Mai 1990 Schwandorf erreicht.

Als N 6526 Furth im Wald–Schwandorf trifft am 17. Juli 1989 eine Schienenbusgarnitur in Bodenwöhr Nord ein. Der Gepäckwagen wird in Schwandorf einem Zug nach Nürnberg beigestellt werden.

Zwischen Furth im Wald und der tschechischen Grenze durchfährt die Eisenbahn eine ungemein reizvolle Mittelgebirgs-Landschaft, wie der bei Seuchau fahrende ČSD-810 250 am 8. August 1991 belegt.

Bei Klöpfelsberg fährt die 753 269 der ČSD am 8. August 1991 mit ihrem Personenzug nach Domažlice (Taus) kurz vor der Grenze entlang den Ausläufern des Bayerischen Waldes.

Auf der alten Eisenbahnbrücke in Schwandorf spiegelt sich am 11. August 1982 der N 5941 in der Naab.

Durch die weitläufige Wiesenlandschaft südlich von Nabburg folgt die 218 217 mit dem D 309 Berlin–München am 26. Mai 1990 dem Lauf der Naab.

Mit der Übergabe von Lind (Oberpf) hat die 211 023 (Bw Hof) am 29. Mai 1990 über das linke Gleis Nabburg erreicht, um nach dem Kopfmachen die Fahrt nach Schwandorf fortzusetzen.

Als am 17. Juli 1989 der D 466 Görlitz–München durch Nabburg rollt, war es noch schwer vorstellbar, daß Züge diese Relation schon bald ohne trennende Grenze durchfahren werden.

WIESMÜHLE
TEPPICHLAGER

4
Elektrisch nach Regensburg

In Nabburg führt die Bahn unterhalb der imposanten Altstadt entlang. Am 30. August 1988 konnte hier die 218 306 mit dem E 3597 festgehalten werden.

Bald nach der Wende bespannte die 132 der DR fast alle hochwertigen Reisezüge zwischen Regensburg und dem vogtländischen Reichenbach. Nördlich von Nabburg fuhr am 12. Juli 1991 der D 2002 durch die Naabwiesen.

Mit der durchgehenden Elektrifizierung der Strecke München–Regensburg ab 10. Mai 1927 erreichte eine zukunftsweisende Traktionsart sehr früh den wichtigsten Bahnhof in der Oberpfalz. Geschehen zu einem Zeitpunkt, da die Dampflokomotive noch uneingeschränkt dominierte. Impulse zur Verdrahtung der übrigen von Regensburg ausgehenden Hauptbahnen blieben allerdings aus. Vielmehr ist die Oberpfalz das geblieben, was sie immer war, eine Region mit einem Schienennetz weitgehend ohne Fahrdraht. Die Dampflokomotive war auf allen nicht elektrifizierten Strecken der Region bis 1974 mehr oder weniger zu Hause, bis sie Ende 1975 von der Dieseltraktion gänzlich abgelöst wurde. Die Oberpfalz bildet heute zusammen mit Oberfranken eine der letzten großen Diesel-Refugien auf dem Gebiet der ehemaligen DB. Hier verkehrt der InterRegio genauso selbstverständlich wie der InterCity und EuroCity über fahrdrahtlose Strecken. Ganz zu schweigen vom Einsatz des „Pendolino".

Und doch war es eine oberpfälzische Hauptbahn, die nach dem Desaster des Zweiten Weltkrieges als erste Strecke elektrifiziert werden sollte. Die ärgsten Schäden am Schienennetz waren gerade mal behoben und die Deutsche Bundesbahn noch nicht aus der Taufe gehoben, da wurde im April 1948 die Genehmigung zur Elektrifizierung der Strecke Nürnberg–Regensburg erteilt. Noch im selben Jahr, am 23. Juni 1948, konnten die Arbeiten aufgenommen werden. Trotz der denkbar schwierigen Finanzierung des Projekts – der Freistaat Bayern mußte mit zusätzlichen Krediten einspringen – nahm man am 15. Mai 1950 den elektrischen Zugbetrieb auf. Durch die nach dem Krieg veränderten Verkehrsströme kam der Achse Frankfurt (Main)–Nürnberg–Regensburg–Passau–Wien eine vorrangige Bedeutung zu, so daß ab 1. Juni 1959 auch die Strecke von Regensburg nach Passau elektrisch befahrbar war. Damit war zwischen Frankfurt (Main) und Wien ein durchgehender Elektrobetrieb möglich geworden.

Jüngste Maßnahme ist die Elektrifizierung der „Ölbahn" von Regensburg nach Ingolstadt am 29. September 1978. Ausschlaggebend war hier der umfangreiche Tankzugverkehr von und zu den

Erdölraffinerien in Ingolstadt. In diesem Zusammenhang drängt sich unweigerlich die Frage auf, wann endlich ernsthaft über den Fahrdraht zwischen Regensburg und dem vogtländischen Reichenbach nachgedacht werden wird, hat doch die Achse München–Berlin durch das Naabtal seit der Wende stark an Bedeutung gewonnen. Es steht außer Frage, daß diese Relation besonders für den Güterverkehr eine leistungsfähige Alternative zur Hauptabfuhrstrecke über den Frankenwald darstellt. Durch entsprechende Anpassungsarbeiten wäre hier eine erhebliche Leistungssteigerung bei vergleichsweise geringem finanziellem Aufwand möglich. Aufwendigste Einzelmaßnahme würde hierbei eine etwa 6 km lange Neutrassierung zwischen Regenstauf und Maxhütte-Haidhof bedeuten. Die Begradigung des Abschnitts brächte eine Verkürzung der Strecke um knapp 4 km. Alles in allem beliefen sich die Modernisierungskosten zwischen Regensburg und Marktredwitz inklusive der Elektrifizierung und moderner Signaltechnik auf etwa 500 Mio. DM (Stand Anfang 1993). Stattdessen aber haben sich die Verkehrsplaner in das umstrittene 12-Milliarden-Projekt der Neu- und Ausbaustrecke Nürnberg–Ebensfeld (bei Lichtenfels)–Erfurt–Halle/Leipzig verrannt. Sollte dieses Neubauvorhaben zum Zuge kommen, würde dies nicht nur zu Lasten der Hauptbahn Regensburg–Hof geschehen.

Die Überquerung der Oberpfälzer Alb

Wir treten abermals eine Zugfahrt in der Frankenmetropole an, die nicht an die bayerisch-böhmische Grenze führt, sondern uns auf direktem Weg nach Regensburg bringt. Die Fahrt entlang der KBS 880 Nürnberg–Regensburg über die Oberpfälzer Alb ist genauso wenig mit der vorhergehenden wie mit den nachfolgenden Routen durch die Region zu vergleichen, die auf der Alb vor allem durch die schroffen Felsformationen ein unverwechselbares Landschaftsgepräge bekommt. Andererseits wird die ausgesprochene Vielfalt der Landschaft deutlich, die mit dem Begriff „Oberpfalz“ verbunden ist.

Im Verlauf der Fernverbindung der IC/EC-Linie 12 Osnabrück–Passau besteht die Möglichkeit, die 100,6 km lange Distanz zwischen den beiden Hauptbahnhöfen mit den im Zwei-Stunden-Takt verkehrenden IC/EC-Zügen zurückzulegen. Die Bespannung der Züge teilen sich die Reihe 103 der DB sowie die Reihe 1044 der ÖBB. Eine Ausnahme bildet hierbei der EC 120/121 „Johannes Kepler“ Linz–Frankfurt (Main)–Linz, der aus einer ÖBB-Triebwagen-Einheit der Reihe 4010 gebildet wird. Nachdem der Triebwagen am Vorabend Frankfurt am Main erreicht und dort genächtigt hat, wollen wir die morgendliche Rückfahrt nach Linz (Donau) nutzen und mit dem EC 121 um 8.44 Uhr die Reise in Nürnberg antreten. Eine knappe Stunden werden wir bis Regensburg nun die Fahrt mit dem auf DB-Gleisen seltenen Triebfahrzeug erleben können. Die erste Etappe bis Neumarkt (Oberpf) wollen wir schon wegen der eher anspruchslosen Landschaft ohne Umschweife durchfahren. Erwähnt sei nur, daß die KBS 880 bei Burgthann den 1846 fertiggestellten Ludwigskanal kreuzt, der der Hauptgrund dafür war, daß Ostbayern so spät den Eisenbahnanschluß bekam. Erst seit Oberferrieden befindet sich unser Zug wieder auf dem Gebiet des Regierungsbezirks Oberpfalz.

Von Neumarkt an die Altmühl

Auch in und um Neumarkt zeigt sich die Bahn nocht recht durchschnittlich. Unmittelbar nach der Unterquerung einer Straßenbrücke am Ausgang des Bahnhofs schwenkt der kümmerliche Rest der ehemaligen Nebenbahn **Neumarkt (Oberpf)–Beilngries** (ex KBS 871) nach Süden ab. Als Rangiergleis dient ein 5,5 km langes Reststück dem Anschlußverkehr einiger Unternehmen. Wer einmal die kleinen, dezenten Herstellerschildchen an den mittlerweile landauf, landab an vielen elektrifizierten Strecken aufgestellten Oberleitungsmasten aus Beton genauer betrachtet hat, der wird feststellen, daß die Betonmasten hier in Neumarkt hergestellt werden.

In den besten Zeiten konnte man nicht nur von Neumarkt über Beilngries hinaus bis Eichstätt fahren, sondern zudem bestanden noch die kurze Verbindung **Greißelbach–Freystadt (Oberpf)** (ex

Am 29. September 1990 bringt die 103 140 den EC 29 „Johann Strauß" Köln–Wien über die Oberpfälzer Alb.

Zwei ältere Damen erwarten am 18. August 1982 im Bahnhof Berching die Ankunft des N 6491 nach Beilngries.

Die Straßenseite des Empfangsgebäudes Berching in einer Ansicht vom 21. August 1982.

Im alten Beilngrieser Bahnhof (eröffnet 1888) holt am 18. August 1982 die 211 162 (Bw Nürnberg Hbf) eine bereitgestellte Reisezuggarnitur ab, um mit dieser vom nahegelegenen neueren Bahnhof (eröffnet 1929) die Fahrt nach Neumarkt anzutreten.

KBS 417f) sowie die Verlängerung **(Neumarkt/ Oberpf–)Beilngries–Dietfurt (Altmühl)** (ex KBS 417g). Mit der Einstellung des Personenverkehrs auf dem Teilstück zwischen Kipfenberg und Beilngries der Nebenbahn Eichstätt Stadt–Beilngries (ex KBS 413c) am 2. Oktober 1955 endeten schon sehr früh die Durchläufe von Neumarkt nach Eichstätt. Ebenso sollte die in Greißelbach von der Nebenbahn Neumarkt–Dietfurt abzweigende Stichbahn nach Freystadt frühzeitig den Personenverkehr verlieren, der am 18. Juli 1960 aufgegeben wurde. Als weiterer Schritt kam aus technischen Gründen am 1. August 1966 die Einstellung des Personenverkehrs zwischen Beilngries und Dietfurt hinzu. Bereits am 28. Mai 1967 erfolgten dann die Gesamtstillegung und im Juli des gleichen Jahres der Gleisabbau von Dietfurt bis zum alten Beilngrieser Bahnhof.

Im Zusammenhang mit dem Bau der Weiterführung Beilngries–Kipfenberg–Kinding erhielt Beilngries im Jahre 1929 etwas weiter außerhalb vom alten Standort einen komplett neuen Bahnhof. Interessanterweise wurden beide Bahnhöfe bis zum Schluß genutzt. Der alte Bahnhof diente dem Güterverkehr wie auch zum Abstellen der Reisezuggarnituren.

Bevor jedoch auch in Beilngries das Eisenbahnzeitalter allmählich zu Ende ging, stellte man mit Wirkung vom 31. Dezember 1977 erst noch den Gesamtverkehr zwischen Greißelbach und Freystadt ein; im Juni 1978 wurde die Strecke schließlich abgebaut. Der nun alleinig verbliebene Zugbetrieb zwischen Neumarkt und Beilngries blieb zwar noch eine ganze Weile unverändert bestehen, dennoch war das weitere Schicksal längst besiegelt. Durch das Näherrücken des im Bau befindlichen Rhein-Main-Donau-Kanals zeichnete sich das nahe Ende immer deutlicher ab. Die unscheinbare Nebenbahn, die den alten Ludwigskanal nicht nur kreuzte, sondern ihm auf weiten Abschnitten einträchtig in unmittelbarer Nachbarschaft bis Beilngries folgte, war nun dem landschaftsfressenden Moloch der Kanal-Großbaustelle im Weg. So vollzog sich der Niedergang der Strecke in schnellen Schritten. Zuerst endete am 26. September 1987 der Personenverkehr, gefolgt von der Gesamteinstellung am 24. September 1988 zwischen Greißelbach und Beilngries. Zunächst entfernte die anrükkende Abbaukolonne die Gleise im Bereich des alten Beilngrieser Bahnhofes von Ende Februar bis Anfang März 1989. In den Monaten August bis November 1989 war dann der Bahnhof Greißelbach erreicht. Die letzten Akte waren am 31. Oktober 1991 die Gesamteinstellung vom km 5,5 bis Greißelbach und die Zurückstufung des verbliebenen Streckenstücks zum Rangiergleis.

Nun setzen wir die Fahrt gen Regensburg fort. Die Trassierung wird von Neumarkt aus bis zur Donauüberquerung unweit von Regensburg-Prüfening von zum Teil sehr hohen Dämmen und

Beim Bahnhof Beratzhausen wird das Tal der Schwarzen Laaber durch eine 42 m hohe Brücke überquert; hier am 29. September 1990 mit einem kombinierten Wagenladungszug.

Bei Laaber entstand am 22. August 1993 das Bild des ÖBB-Triebwagens der Reihe 410, der als EC 121 „Johannes Kepler" von Frankfurt am Main nach Linz an der Donau läuft.

ebenso tiefen Einschnitten bestimmt, die sich fast ständig abwechseln. Bei Deining überquert die Bahn mit einer großen Brücke das Tal der Weißen Laaber. Am besten lehnt man sich nun in einen der bequemen Sitze des 4010 zurück, um die idyllische Landschaft mit den sanften Wiesen, bizzaren Kalkfelsen und den kämmebedeckenden Mischwäldern auf angenehme Weise an sich vorbeiziehen zu lassen. Der steigungs- und windungsreiche Abschnitt läßt nämlich selbst für die Paradezüge nur ein moderates Tempo zu.

Nach einem 20 m hohen Einschnitt bei Batzhausen kommen wir auch gleich am verträumten Bahnhof vorrüber. Nur knapp 4 km weiter ist der kleine Ort Seubersdorf erreicht, um bald darauf oberhalb von Parsberg durch den dortigen Bahnhof zu kommen. Die Tallandschaft um Parsberg wird vom Neuen Schloß und von den zahlreichen Dolomitkegeln beherrscht. Auf der Hochfläche des Oberpfälzer Juras geht die Fahrt über Mausheim weiter nach Beratzhausen. Südlich des Bahnhofs Beratzhausen wird die Schwarze Laaber in 42 m Höhe

überquert. Bis zur Mündung in die Donau bei Sinzing gehört das Tal der Schwarzen Laaber größtenteils zu einem Naturschutzgebiet. Eine Wanderung von der nächstgelegenen Bahnstation in Laaber empfiehlt sich als leicht zu bewältigende Tagestour. Als Lohn für den Fußmarsch erhält der Wanderer Einblick in eine traumhafte Flußlandschaft abseits der Touristenströme. Auf der Wanderung trifft man bei Alling auf die Trasse der einstigen Nebenbahn **Sinzing (b Regensburg)–Alling** (ex KBS 411 g). Die ehemals am äußersten Südwestrand der Oberpfalz verlaufende, nur 4,1 km lange Stichstrecke verlor am 1. März 1967 ihren Personenverkehr. Das zum Schluß nur noch sporadisch durch eine Kleinlok bediente Bähnchen wurde schließlich am 1. Juni 1985 für den Gesamtverkehr aufgegeben und im November 1986 abgebaut. Den jenseits der Donau im Stadtteil Prüfening gelegenen Bahnhof erreicht man von Sinzing aus am besten über den Fußgängersteg der schon von weitem zu sehenden Mariaorter Eisenbahnbrücke, die bald auch unser Zug passieren wird.

Über Deuerling und Undorf geht es bei Nittendorf nochmals durch einen tiefen Einschnitt, bevor der Bahnhof von Etterzhausen recht langsam durchfahren wird. Nach einem Rechtsbogen befinden wir uns oberhalb des Naabtals am Berghang auf einem 35 m hohen Damm und bewegen uns abwärts in Richtung Donau. Unterhalb von Etterzhausen durchfahren wir das bekannte „Felsentor“, einen durch einen Felsvorsprung getriebenen Tunnel von nur 10 m Länge. Der ursprünglich einmal 13 m lange Tunnel ist aufgrund von Sanierungsarbeiten „geschrumpft“. Oberhalb der Wallfahrtskirche Mariaort, unmittelbar am Zusammenfluß von Naab und Donau, rollt der Triebwagen über die Donaubrücke. Das gut 20 m hohe Bauwerk wird aus einer Stahlkonstruktion mit drei Stromöffnungen von je 63 m und der sich anschließenden Flutbrücke aus Stein mit sechs Gewölben von je 24 m gebildet. Durch Regensburg-Prüfening hindurch, die Linie nach Ingolstadt kreuzend, kündigt der Regensburger Dom unser Ziel an. Im Schatten des mächtigen Empfangsgebäudes kommt der EC 121 im Hauptbahnhof pünktlich um 9.42 Uhr zum Stehen. Vor Antritt der Fahrt quer durch die Oberpfalz wollen wir den Vormittag zu einem ausgedehnten Bummel durch das ausgesprochen sehenswerte Regensburg nutzen.

Der E 3045 Coburg–München hat es am 22. August 1993 von der Donaubrücke bei Mariaort nur noch ein kurzes Stück bis zum nächsten Halt in Regensburg.

5 Die Hauptbahn durch die Oberpfalz

Bevor wir uns entlang der fahrdrahtlosen Hauptbahn nordwärts in Richtung Hof auf Reisen begeben, wollen wir zunächst einen Streifzug durch das so gar nicht großstädtisch wirkende Regensburg unternehmen. Die kreisfreie Stadt mit ihren rund 121 700 Einwohnern ist nicht nur die Hauptstadt der Oberpfalz, sondern gilt außerdem als wirtschaftliches Zentrum Ostbayerns. Den Weg nach Regensburg findet man mit der Eisenbahn recht einfach. Aus dem hohen Norden von Westerland, Kiel oder Hamburg laufen die IC/EC-Züge durch die Ballungsräume an Rhein und Ruhr und dem Rhein-Main-Gebiet über Regensburg gen Süden, genauso wie aus den Donaumetropolen Budapest und Wien nordwärts. Im Direktlauf ist Regensburg zudem durch den InterRegio an München, Leipzig, Dresden und Berlin angebunden.

Beim Heraustreten aus der Wandelhalle des Regensburger Hauptbahnhofes braucht man vom Bahnhofsvorplatz nur seiner Nase zu folgen, um in die nahe Altstadt zu gelangen. Zunächst führt der Fußweg immer geradeaus entlang der Maximilianstraße mit ihren zahlreichen Geschäften. Bereits nach wenigen Gehminuten ist das Fast-food-Restaurant mit dem „goldenen M" erreicht. Wenn Reisen auch hungrig macht, so sollte man der Versuchung tunlichst widerstehen und sich den Appetit lieber für die typischen „Schmankerl" der Stadt aufsparen.

Anfänglich deutet noch nichts darauf hin, welch ein Juwel im Herzen der Stadt liegt, unterscheidet sich der zunächst gewonnene Eindruck doch kaum von denen anderer Großstädte. Erst auf der Höhe der Karmelitenkirche am Ende der Maximilianstraße breitet sich langsam das Flair der aus dem Zweiten Weltkrieg unversehrt hervorgegangenen Altstadt aus. Über den Alten Kornmarkt, vorüber an den unterschiedlichsten Baudenkmälern, wird der Domplatz erreicht. Vor uns erhebt sich nun im wahrsten Sinne des Wortes die größte Sehenswürdigkeit Regensburgs, der Dom St. Peter mit seinen beiden über 100 m hohen Türmen. Der Baubeginn des Doms geht auf das Jahr 1250 zurück, vollendet wurde er allerdings erst 1872. Ein besonders schönes Panorama ergibt sich vom Dom herunter auf die Dächer der Altstadt. An den kleinen Stän-

Vor dem N 6934 aus Falkenstein (Oberpf) ist die 211 298 am 1. Juni 1984 im Bahnhof Regensburg-Wutzlhofen angelangt.

Am letzten Betriebstag fuhren die Personenzüge nach Falkenstein (Oberpf) nochmals lokbespannt. Bei Hauzendorf (Oberpf) zieht am 1. Juni 1984 die 211 298 den N 6933 in den vorderen Bayerischen Wald.

den vor dem Dom bieten die Rettichfrauen den fein geschnittenen und mit Salz bestreuten „Weichser Radi“ (aus dem Stadtteil Weichs) an.

Der Gang durch die engen und verwinkelten Gassen mit den zahllosen kleinen Läden gestaltet sich ausgesprochen abwechslungsreich. Fast glaubt man zu spüren, daß es sich hier um die einzig erhaltene mittelalterliche Großstadt Deutschlands handelt, mit einer noch durch und durch echten Bausubstanz. Wer sich weiter durch die Gassen dem Donauufer nähert, dem werden bald die wohlriechenden Schwaden der über 800jährigen „Historischen Wurstküche“ entgegenwehen und unweigerlich den Appetit auf die dort angebotenen Bratwürste mit Kraut wecken. Diese Köstlichkeit sollte man sich nicht entgehen lassen, zumal es sich nach einem ausgedehnten Spaziergang durch das mittelalterliche Stadtzentrum an schönen Sommertagen am Donauufer bei einem süffigen Bier der Thurn und Taxisschen Brauerei angenehm sitzen läßt. Anschließend geht es durch das Brückentor über die berühmte Steinerne Brücke in den seit 1924 eingemeindeten Stadtteil Stadtamhof, von wo aus sich der schönste Blick auf die Altstadt mit dem alles überragenden Dom ergibt. Stadtamhof war übrigens einmal der Ausgangspunkt der schmalspurigen Walhallabahn (1 000 mm) nach Wörth an der Donau.

Beim Rückweg über die Steinerne Brücke gilt die Aufmerksamkeit ganz diesem Bauwerk. Die aus 15 Bögen bestehende, 312 m lange Brücke wurde nach elfjähriger Bauzeit im Jahre 1146 vollendet und galt seinerzeit als vielbeachtetes technisches Wunderwerk. Der Rundgang durch die an Sehenswürdigkeiten reiche Bischofsstadt ließe sich beliebig fortsetzen. Wir wollen an dieser Stelle jedoch den Rückweg zum Hauptbahnhof antreten, der mit dem Omnibus am bequemsten und schnellsten ist.

Wie nun die Reise in Regensburg gen Hof – ob mit dem InterRegio oder dem Eilzug – angetreten wird, bleibt einem jeden selbst überlassen. Wer recht zügig in ansprechenden Wagen vorankommen möchte, wählt zweckmäßigerweise den InterRegio und wer „mehr von der Fahrt“ haben möchte, steigt in den aus Silberlingen gebildeten Eilzug.

Nachdem der Vormittag in der Alstadt wie im Flug vergangen ist, bietet sich der IR 2602 Oberst-

Zu Beginn der achtziger Jahre war die Welt auf den Nebenbahnen in der Oberpfalz vielfach noch in Ordnung. So auch zwischen Regensburg-Wutzlhofen und Falkenstein, wo sich am 19. Mai 1981 im Bahnhof Roßbach-Wald der 798 656 auf den Rückweg nach Regensburg vorbereitet.

Gut fünf Jahre später hat sich das Bild im Bahnhof Roßbach-Wald grundlegend gewandelt. An gleicher Stelle konnte am 22. Juli 1986 die 290 331 (Bw Regensburg 1) mit dem Abbauzug angetroffen werden.

Zum Abbau der Falkensteiner Bahn rückte am 14. Juli 1986 der Augsburger Gleisbauhof mit schwerem Gerät im Bahnhof Roßbach-Wald an.

dorf–Berlin-Lichtenberg für die bevorstehende Bahnfahrt an. Pünktlich um 14.19 Uhr setzt dieser in Regensburg seine Fahrt fort. Nach der Wende ist die alte KBS 850 (seit dem 31. Mai 1992 unterteilt in die KBS 885 Regensburg–Weiden und KBS 855 Weiden–Hof) aus ihrer einstigen Randlage herausgetreten. Heute bildet sie sozusagen das Herzstück der IR-Linie 85 zwischen Dresden/Leipzig und München/Oberstdorf. Die Verbindung Regensburg–Hof wird nahezu stündlich in beiden Richtungen bedient, wobei zwischen den im Zwei-Stunden-Takt verkehrenden InterRegios fast immer ein Eilzug läuft. Allerdings bestreiten nur die wenigsten Eilzüge die gesamte Strecke im Durchlauf, sie werden zumeist in Weiden gebrochen.

Obwohl der IR 2602 mächtig Tempo macht und zusehens an Fahrt gewinnt, wird er bei einem Zwischenhalt in Schwandorf allein für die 86 km bis Weiden eine knappe Stunden unterwegs sein. Angesichts der Tatsache, daß die Linie auf dieser Etappe bis auf den „Schlenker" zwischen Regenstauf und Maxhütte-Haidhof weder ungünstige Neigungsverhältnisse, noch übermäßig nachteilige Kurvenradien aufweist, erscheint der erzielte Schnitt der InterRegio-Züge kaum mehr zeitgemäß. Bedingt durch das enge Waldnaabtal gilt eigentlich nur die Teilstrecke zwischen Neustadt und Windischeschenbach als kurvenreich und zeitraubend. Die effektivste Beschleunigung der Züge brächte wohl die schon seit vielen Jahren im Raum stehende Elektrifizierung zwischen Regensburg und Reichenbach im Vogtland. Just seit der Wende ist es um ein derartiges Vorhaben zwischen Regensburg und Hof allerdings recht still geworden.

Von Regensburg in den vorderen Bayerischen Wald

Mittlerweile hat unser Zug den Hauptbahnhof hinter sich gelassen und poltert über die Schwabelweiser Donaubrücke. Die nun kurz aufeinander folgenden Bahnhöfe Regensburg-Walhallastraße und Regensburg-Wutzlhofen wurden gleichzeitig mit der Einstellung des Personenverkehrs auf der Nebenbahn **Regensburg-Wutzlhofen–Falkenstein (Oberpf)** (ex KBS 872) am 2. Juni 1984 aufgelassen. Zwischen den beiden Stationen wurde bis in die sechziger Jahre hinein zusätzlich noch der Haltepunkt Regensburg-Konradsiedlung bedient.

Der heute verwaiste Bahnhof Regensburg-Wutzlhofen mag nur dem Kenner etwas von jenen Zeiten widerspiegeln, als er Abzweigstation der Nebenbahn nach Falkenstein war. Immerhin sind seit dem Abbau der letzten Meter Gleis schon etliche Jahre ins Land gegangen. Bis zur Einstellung im Personenverkehr vor nunmehr gut einem Jahrzehnt konnte die Linie dem Reisenden noch so etwas wie unverfälschte Nebenbahnromantik vermitteln. Das Klacken der Schienenstöße prägte den Betriebsalltag entlang der Nebenbahn genauso wie die zahlreichen unbeschrankten Bahnübergänge. Die dörfliche Idylle vermochte allerdings längst nicht mehr darüber hinwegzutäuschen, daß auch hier durch die ungebremste Abwanderung der Fahrgäste auf die Straße sich zwangsläufig etwas ändern würde. Wie schnell jedoch der Strecke letztlich der Garaus gemacht wurde, das vermochte selbst der größte Skeptiker nicht vorauszuahnen, dachte man doch noch in den Jahren 1980/81 allenfalls über eine Teilstillegung im Personenverkehr zwischen Roßbach-Wald und Falkenstein nach. Eine schnelle Gesamtstillegung stand überhaupt noch nicht zur Debatte, sorgte doch allein das Schotterwerk Schwinger in Roßbach-Wald für ein beachtliches Frachtaufkommen. Zudem fielen noch ausreichend Wagenladungen für den Bahnhof Falkenstein an, wo vor allem das BayWa-Lager recht konstant seine Waren per Bahn bezog. Und doch sollte der Linie schon bald ein Schicksal widerfahren, das in dieser radikalen Form seinesgleichen sucht. Den vom DB-Verwaltungsrat im Februar 1983 ausgesprochenen Stillegungsabsichten folgte nur wenige Monate darauf die Billigung des Bonner Verkehrsministeriums. Also konnte schon mit Wirkung zum 2. Juni 1984 der Personenver-

Das Ende einer Nebenbahn: Abbauarbeiten zwischen Schillertswiesen und Hetzenbach (22. Juli 1986).

kehr aufgegeben werden. Nur ein Jahr darauf folgte am 1. Juni 1985 die Gesamtstillegung zwischen Wenzenbach und Falkenstein, um dann am 31. Mai 1986 auch das letzte Stück von Wenzenbach bis Regensburg-Wutzlhofen aufgeben zu können. Bis August 1986 bauten die Rotten des Gleisbauhofs Augsburg die Strecke bis Wenzenbach ab; im November desselben Jahres war schließlich die gesamte Strecke bis Regensburg-Wutzlhofen abgebaut. Innerhalb von nur zweieinhalb Jahren war das unrühmliche Werk vollbracht – und die Oberpfalz war wieder um eine Nebenbahn ärmer.

Unter dem Motto „Lokalbahn-Radweg Falkenstein–Regensburg“ wird die ehemalige Bahntrasse heute als Radwanderweg genutzt. Geboren wurde dieser Gedanke noch bevor die Strecke überhaupt eingestellt war. Zunächst wurde der auf dem Gebiet des Landkreises Cham liegende Abschnitt von Falkenstein bis Roßbach-Wald mit einem Kostenaufwand von 1,4 Mio. DM ausgebaut. Der Weiterbau bis Gonnersdorf oblag dem Landkreis Regensburg. Realisiert wurde der Radwanderweg zwischen 1987 und 1992.

Während der Saison führen die Linienbusse eigens Transportanhänger für Fahrräder mit. Wen die Kräfte verlassen, der kann also problemlos unterwegs in den Bus einsteigen. Der Bahnhof Hauzendorf dient für die Radler als Pausenstation mit Imbiß. So schön der in etwa gut 3 Stunden zu bewältigende Radwanderweg auch sein mag, so drängt sich doch die Frage auf, warum die Mittel nicht in den Erhalt der Strecke hätten investiert werden können. Genauso schnell wurde das ehemalige Bahnhofsareal in Falkenstein einer anderweitigen Nutzung zugeführt. Dort, wo einstmals die Reisezüge am Bahnsteig hielten, erstreckt sich heute ein Einkaufszentrum, mit einem für die örtlichen Verhältnisse scheinbar überdimensionierten Modehaus. Die übrige Fläche wurde vornehmlich mit Eigenheimen bebaut. Stünde da nicht mittendrin der

Als letzter planmäßiger Reisezug verläßt am 1. Juni 1984 der N 6936 mit der 211 298 (Bw Hof) Falkenstein (Oberpf).

alte, privat genutzte Lokschuppen, nichts würde in Falkenstein mehr an die Eisenbahn erinnern. Es ist eher unwahrscheinlich, daß überhaupt ein Reisender bei der Vorüberfahrt des IR 2602 in Regensburg-Wutzlhofen an die Existenz der Strecke nach Falkenstein erinnert wird.

Inzwischen überquert unser Zug auf einer Brücke die Bundesstraße 15, in deren Anschluß sich früher der Haltepunkt Regendorf befand, der am 31. Mai 1981 seiner Aufgabe enthoben wurde. Vorbei am Bahnhof Regenstauf wird sogleich die Steinbogenbrücke über den Regen passiert. Im weiteren Verlauf beschreibt die Bahn über die Autobahn 93 hinweg einen weiten Bogen nach Westen, um, vorbei am aufgelassenen Bahnhof Ponholz (Personenverkehr eingestellt am 31. Mai 1987), die Fahrt wieder in östlicher Richtung fortzusetzen. Die nun zur Linken mehr und mehr rekultiviert ausschauende Landschaft erinnert an den ab 1851 begonnenen Bergbau im Sauforst bei Maxhütte-Haidhof, auf den die Gründung der Eisenwerk-Gesellschaft Maximilianshütte an diesem Standort zurückgeht. Im Gegensatz zu den Hochöfen der Maxhütte in Sulzbach-Rosenberg wurde hier das Roheisen zu den unterschiedlichsten Erzeugnissen wei-

Wo am 1. Juni 1984 noch die 211 298 beim Umsetzen im Bahnhof Falkenstein (Oberpf) unterhalb der gleichnamigen Burg aufgenommen werden konnte, stehen heute Eigenheime.

Nach einem kurzen Aufenthalt im Endbahnhof Falkenstein (Oberpf) wird sich der 798 680 am 4. Juni 1982 auf die Rückfahrt nach Regensburg begeben.

Die 218 011 mußte am 28. Dezember 1981 dem defekten 798 734 (N 6936) Vorspann leisten.

terverarbeitet. Anfang der achtziger Jahre noch war die Maxhütte mit über 2000 Beschäftigten der größte Arbeitgeber der mittleren Oberpfalz. Übriggeblieben ist vom Stahlstandort in Maxhütte-Haidhof so gut wie nichts mehr, dennoch bestimmen lange Güterwagenreihen das Bild im Bahnhof und deuten auf ein reges Wirtschaftsleben hin. Für ein beachtliches Frachtaufkommen sorgt das am Endpunkt der Nebenbahn **Maxhütte-Haidhof–Burglengenfeld** (ex KBS 425b) ansässige Zweigwerk der Heidelberger Zement AG. Im Gegensatz zum Personenverkehr, der schon am 1. Februar 1967 endete, wird der Bahnhof Burglengenfeld an Werktagen oft mehrmals von Güterzügen angefahren.

Erst jüngst, am 30. November 1993, ging im Bahnhof Maxhütte-Haidhof ein elektronisches Stellwerk in Betrieb. Es ersetzte zwei mechanische Stellwerke in Klardorf sowie zwei elektromechanische Stellwerke in Maxhütte-Haidhof. Die 10,5 Mio. DM teure Investition beinhaltet ferner noch die

In Falkenstein (Oberpf) bedient die 211 317 am 14. Oktober 1983 den Anschluß des BayWa-Lagerhauses.

Am 12. Mai 1981 fuhr der N 5929 Schwandorf–Regensburg (798 593) am Haltepunkt Loisnitz vorüber.

Die 260 219 bewältigt das umfangreiche Rangieraufkommen im Bahnhof Schwandorf am Abend des 11. Juli 1986.

neue Bahnübergangstechnik in Klardorf. Um die Rationalisierung perfekt zu machen, wird vom Bedienraum des Stellwerks aus der Fahrkartenverkauf in Maxhütte-Haidhof gleich mit besorgt.

Immer dicht an der Autobahn entlang fahren wir nun bis Klardorf. Vorher kommen wir noch bei km 33 am ehemaligen Haltepunkt von Loisnitz vorbei, der schon seit dem 31. Mai 1981 nicht mehr bedient wird. Kaum besser erging es dem Bahnhof Klardorf, wo seit dem 2. Juni 1985 keine Personenzüge mehr planmäßig halten. Von 1981 bis 1987 sind somit allein zwischen Regensburg und Schwandorf sechs Bahnhöfe und Haltepunkte für den Personenverkehr entfallen.

Im weiteren verläuft die Bahn schnurstracks auf Schwandorf zu. Vor den Toren der Großen Kreisstadt wird die Werksbahn der Bayernwerk AG gekreuzt. Der Ursprung der Bahn geht auf das Jahr 1906 zurück, als die neugegründete Bayerische Braunkohlenindustrie AG (BBI) bei Wackersdorf begonnen hatte, die dortigen Braunkohlenfelder im großen Umfang abzubauen.

Mit der Inbetriebnahme des Dampfkraftwerkes in Dachelhofen und des in unmittelbarer Nachbarschaft errichteten Aluminiumwerks der „Vereinigten Aluminium-Werke“ in den Jahren 1930 bzw. 1937 wurden fortan beide Betriebe durch die Bahn mit der nötigen Braunkohle aus dem nahen Revier versorgt. Mit dem Ausbau des Kraftwerkes mußte auch das Schienennetz angepaßt werden. In den besten Jahren wurden über das BBI-Schienennetz bis zu 10 Mio. t Frachtgut befördert. Bis Oktober 1972 wickelte die Bayerische Braunkohlenindustrie AG zudem noch einen beachtlichen Werkspersonenverkehr ab.

In Schwandorf wartet der N 5932 Regensburg–Weiden am 31. August 1985 auf die Weiterfahrt.

Vor dem E 3593 nach Furth im Wald verläßt die 218 003 (Bw Regensburg) am 29. September 1984 Schwandorf.

Als die Braunkohlenfelder zur Neige gingen und der Abbau Ende 1982 ganz eingestellt wurde, ging die anfänglich pachtweise übernommene Betriebsführung durch Übereignung in das Eigentum der Bayernwerk AG über. Seither überführt die Bahn die aus dem tschechischen Brüx kommenden Braunkohlenzüge zum Kraftwerk. Wie eh und je wird auch weiterhin die bei der Verbrennung der Braunkohle in großen Mengen anfallende Asche abgefahren und in die leergekohlten Gruben verfüllt. Schon mit der Umstellung von der Dampf- auf die Dieseltraktion im Jahre 1959 wurde hier der Wendezugbetrieb eingeführt.

Noch bevor der IR 2602 in Schwandorf zum Stehen kommt, rollt er vorüber an dem linkerhand unmittelbar am Südrand der Stadt gelegenen Schwellenwerk. Hier werden sämtliche Weichenschwellen der alten DB gefertigt, zugleich verfügt das Werk über die einzige DB-eigene Imprägnieranstalt.

Unterhalb des Kreuzberges treffen wir rechts auf das von Furth im Wald kommende Streckengleis, bis nach der Linkskurve die umfangreichen Gleisanlagen des Bahnhofs Schwandorf vor uns liegen. Unter der Adenauer-Brücke hindurch kommt der Zug am Bahnsteig 2 zum Stehen. Auffallend ist der vom Hausbahnsteig aus quer über die Gleise zum ehemaligen Bahnbetriebswerk führende Fußgängersteg, der seit 1907 seiner Sache dient. Als selbständige Dienststelle wurde das Bw Schwandorf – das zuletzt nur noch einige Kleinloks beheimatete – am 1. Juni 1986 aufgelöst, und es wird seitdem als Außenstelle des Bw Regensburg 1 geführt. Daraufhin wurde der ältere der beiden Halbrundschuppen mit acht Ständen samt Drehscheibe und den neun Freiständen abgerissen. Der noch heute modern wirkende 14ständige Halbrundschuppen mit seiner großflächigen Verglasung dient nach wie vor zum Unterstellen der Triebfahrzeuge. Neben den hier ausgeführten Wartungsarbeiten an den Lokomotiven ist die Bw-Außenstelle Schwandorf mit eigener Lokleitung weiterhin ein unverzichtbarer Einsatzstützpunkt.

Der Bahnhof liegt in seiner gesamten Ausdehnung S-förmig inmitten der Stadt, so daß unser Zug bereits unmittelbar nach der Anfahrt eine Rechtskurve beschreibt. Dem Nordkopf des Bahnhofs schließt sich unmittelbar die Naabbrücke an, die zusammen mit der etwa 1 km langen Streckenbegradigung bis zum Block Brunnenwiese im Oktober 1984 in Betrieb genommen wurde. Entstanden ist dieses Projekt auf der Basis der bereits schon einmal vor dem Zweiten Weltkrieg aufgenommenen Arbeiten zur Streckenbegradigung, die jedoch mit Kriegsausbruch eingestellt werden mußten. Auf dem Weg nach Irrenlohe befindet sich bei km 45,6 ein ausgedientes Bahnwärterhaus, das durch seinen Ursprungszustand besticht und heute noch von einem Eisenbahner im Ruhestand bewohnt wird. Und schon ist der Abzweigbahnhof Irrenlohe erreicht. Zwischen Schwandorf und Irrenlohe verlaufen die Strecken nach Hof und Nürnberg vereint. Der Bahnhof mit seinen umfassenden Gleisanlagen wird gern zum Abstellen ausgedienter Waggons genutzt, wo sie bis zur Zerlegung an anderer Stelle ausharren. Mitte der achtziger Jahre standen hier noch schier endlose Reihen von ausgemusterten Umbaudreiachsern. Seine eigentliche Daseinsberechtigung liegt jedoch darin, den Bahnhof Schwandorf in Verkehrsspitzen oder bei betrieblichen Engpässen zu entlasten. In Zeiten anfallender Umbauarbeiten in Schwandorf werden viele Güterzüge meist ganz hierher umdirigiert.

Von der Naab in den Oberpfälzer Wald

In schneller Fahrt geht es gradlinig weiter nach Schwarzenfeld. Bekannt wurde der Marktflecken schon vor der Jahrhundertwende durch seine Karpfenzucht. Noch heute wird in der Umgegend von Schwarzenfeld, wie vielerorts in der Region, die Teichwirtschaft intensiv betrieben; längst ist der Karpfen aus der Oberpfalz zum Markenzeichen geworden. Den Markt Schwarzenfeld verlassend, nähern wir uns bald darauf bei Brensdorf der Autobahn, wo die Nebenbahn **Nabburg–Lind (–Schönsee/Oberpf)** (ex KBS 859) mit einem Brückenbauwerk gleichzeitig die Hauptbahn, den Lauf der Naab und die Autobahn überquert. Stetig führt das zur Linken zunächst hinter einer Felswand verschwindende Nebenbahngleis auf das Niveau der Hauptbahn hinunter, um dann bis Nabburg parallel

Auf dem Weg nach Nürnberg passiert die 217 001 am 21. Mai 1981 die Naabbrücke in Schwandorf.

Die Brückenpfeiler in der Naab sind im Zusammenhang mit der Begradigung der Schwandorfer Nordausfahrt Ende der dreißiger Jahre entstanden. Durch den Ausbruch des Zweiten Weltkrieges wurden jedoch die Bauarbeiten gestoppt. Realisiert hat das Vorhaben schließlich die DB bis Oktober 1984 (Aufnahme vom 10. Mai 1981).

zu laufen. Daß die Nebenbahn nicht auch längst von der Landkarte verschwunden ist, ist der Bundeswehr in Oberviechtach und der Beharrlichkeit eines in Lind unmittelbar am Bahnhof ansässigen Holzwerkes zu verdanken. Aus der seitens der BD Nürnberg angestrebten Einstellung der gesamten Strecke wurde ausnahmsweise einmal nichts, gab es doch nur für die Teilstrecke Lind–Schönsee die Genehmigung zur Gesamtstillegung, die mit Wirkung zum 2. Juni 1984 vollzogen wurde. In den Erhalt der übrigen Strecke wurden allein durch die Sanierungsarbeiten an der großen Brücke bei Brensdorf und den beiden Schwarzachbrücken bei Schwarzach und Altendorf Mitte der achtziger Jahre erhebliche Mittel investiert, womit die Linie zumindest mittelfristig gesichert scheint.

Als Kenner der ehedem in Schönsee unweit der böhmischen Grenze endenden Strecke verfällt man fast unweigerlich der Versuchung, ins Schwärmen zu geraten. An jeder Biegung eröffnen und eröffneten sich neue Impressionen, was die Nebenbahn hinsichtlich ihrer landschaftlichen Reize von allen anderen oberpfälzischen Strecken abhebt. Wenn der Personenverkehr auch am 30. Mai 1976 endete, so vermochte der verbliebene Güterzugbetrieb noch etwas von jenem waschechten Nebenbahnbetrieb zu vermitteln, den es nach offiziellen Verlautbarungen in dieser Form bei der DB schon nicht mehr geben durfte. Hier waren die Eisenbahner noch Herr über sich selbst und ihren Zug, und sie scheuten sich nicht, auf freier Strecke anzuhalten, um einen im Feld stehenden Eisenbahnfotografen zur Mitfahrt zu überreden. Auf dem Führerstand der 211 plauderten dann Lokführer, Zugführer und Rangierer, die alle Höhen und Tiefen der Schönseer Bahn hautnah miterlebt haben, aus dem Nähkästchen. Wenn sie auf die Systematik zu sprechen kamen, mit der letztlich auch diese

Die unvollendete Nordanbindung bei Schwandorf. Während am 4. Juni 1982 der N 5934 im Hintergrund noch auf dem alten Streckenabschnitt unterwegs ist, fahren heute alle Züge über den hier noch brachliegenden Bahndamm.

217 021-5
217 002-5

Aufgrund von Gleisbauarbeiten in Schwandorf wurden am 14. Juli 1986 viele Güterzüge im Bahnhof Irrenlohe abgefertigt.

Nördlich von Schwarzenfeld wurde am 18. Mai 1981 der N 5935 in Höhe eines Bahnwärterhauses festgehalten, das bald darauf abgerissen wurde.

Bei Brensdorf fährt am 18. Mai 1981 der N 5934 an der Naabbrücke der Nebenbahn Nabburg–Schönsee (Oberpf) entlang.

Mit dem Üg 67 900 nach Schönsee (Oberpf) passiert am 1. Juni 1982 die 211 202 die Naabbrücke bei Brensdorf.

Strecke abgewirtschaftet wurde, mußte man den Ausführungen ein hohes Maß an Glaubwürdigkeit beimessen. Der allzu unüberlegte Rückbau der Gleisanlagen in den meisten Unterwegsbahnhöfen hatte einen denkbar ungünstigen Betriebsablauf zur Folge. Ein Umsetzen der Lokomotiven war nicht mehr möglich. Dadurch war die Bedienung der Bahnhöfe nur noch bei der Bergfahrt der Übergabe möglich. Folglich konnten beispielsweise in Altendorf aufgegebene Wagen nicht mehr bei der Rückfahrt nach Nabburg eingesammelt werden, sondern mußten schon bei der Bergfahrt nach Schönsee mitgenommen werden. Somit war es durchaus normal, daß Güterwagen erst einmal auf der Nebenbahn gut 60 km spazierengefahren wurden, bevor die Reise in die richtige Richtung begann. Wen wundert es da noch, wenn sich plötzlich vor Ort herausstellte, daß durch das übermäßige „Gesundschrumpfen" der Gleisanlagen nicht alle Waggons im Bestimmungsbahnhof unterge-

bracht werden konnten und diese wieder – natürlich über Schönsee! – zurück nach Nabburg gebracht werden mußten?

Zuletzt kam es jedoch immer häufiger vor, daß die Lokomotive allein mit dem Begleitwagen Schönsee anfuhr, um dort bestenfalls eine Stückgutsendung auszuladen oder in Empfang zu nehmen. All diese Widrigkeiten konnten die Eisenbahner kaum aus der Ruhe bringen, und sie legten wie jeden Tag auf dem Rückweg in Pertolzhofen ihre wohlverdiente Pause ein. Am hölzernen Empfangsgebäude wurde die Fuhre kurzerhand „geparkt“, um gleich gegenüber im Wirtshaus zur Brotzeit einzukehren. Freilich war es mit der Herrlichkeit nach der Betriebseinstellung des oberen Abschnitts vorbei; die neuen Fahrzeiten lassen eine derartige Freizügigkeit längst nicht mehr zu. Bis Anfang 1986 war dann das Gleis zwischen Schönsee und Lind abgebaut.

Inzwischen hat unser Zug den Bahnhof Nabburg erreicht, der mit unverminderter Geschwindigkeit durchfahren wird. Schon von weitem sticht die auf einem Bergrücken über dem rechten Naabufer liegende mittelalterliche Stadt mit ihrem erhabenen Weichbild ins Auge. Wenn wir auch dieses Kleinod hoch über der Naab links liegen lassen müssen, so wollen wir uns doch gedanklich ein wenig in der Stadt umsehen. Wer also hierherkommen möchte, wird gut daran tun, in Schwandorf oder Weiden in einen Eil- oder Nahverkehrszug umzusteigen. Um es gleich vorweg zu nehmen: Wer den Rummel überfrachteter Touristenstädte mit ihren buntschillernden Einkaufspassagen sucht, der wird hier nicht auf seine Kosten kommen und sollte besser einen großen Bogen um die Stadt machen. Wer jedoch die unverfälschte oberpfälzische Kleinstadtatmosphäre sucht, liegt mit einem Besuch in Nabburg goldrichtig! Nabburg ist eher etwas für den Entdeckungsreisenden, der ohne Wegweiser zu den Sehenswürdigkeiten findet und sich lieber von seinen persönlichen Impressionen leiten läßt.

In Niedermurach hat die 211 201 am 8. August 1983 recht umfangreiche Rangierbewegungen zu bewältigen.

Unweit von Gaisthal befand sich am 16. August 1982 die 211 203 (Bw Schwandorf) auf der Rückfahrt von Schönsee (Oberpf) nach Nabburg.

Bei Rosenthal fährt die 211 203 am 16. August 1982 durch einen engen Einschnitt dem Zielbahnhof Schönsee (Oberpf) entgegen.

Auf dem heute abgebauten Abschnitt zwischen Lind und Schönsee kam am 23. August 1982 die 211 203 bei Schneeberg gefahren.

Die Stadt wird zu einem guten Teil noch heute von der 1420 errichteten und im 16. Jahrhundert verstärkten Stadtmauer mit dem Mähn- und Obertor umgeben. An exponierter Stelle steht innerhalb der Stadtbefestigung die aus dem 14. Jahrhundert stammende Pfarrkirche St. Johann Baptist, eines der bedeutendsten gotischen Bauwerke der Oberpfalz. Ein geradezu malerischer Blick auf das Ensemble der Altstadt hat man von der unterhalb am jenseitigen Naabufer gelegenen Vorstadt Venedig aus, einer einstigen Fischersiedlung.

Der Zug hat die Fahrt durch das breite Naabtal entlang dem Flußlauf mit seinen feuchten Wiesen fortgesetzt. Mit etwas Glück kann hier noch der Storch beim Jagen beobachtet werden. Fast regelmäßig brütet in Perschen auf einem der beiden Türme der Pfarrkirche St. Peter und Paul der Adebar. Gleich neben der Kirche wurde in einem Pfarrhof ein Bauernmuseum eingerichtet, das zum Freilichtmuseum Neusath-Perschen gehört.

Beim Herannahen des Zuges senken sich in Pfreimd am Bahnübergang die Schrankenbäume noch mit einem lauten Bimmeln. Vor Wernberg-Köblitz treffen wir abermals auf die uns kreuzende Autobahn, bevor vom jenseitigen Hang das Schloß Wernberg herübergrüßt und der Bahnhof mit dem eisernen Fußgängersteg vorbeihuscht. In dem linkerhand am Bahnhof angesiedelten Werk der Flachglas AG werden die Fensterscheiben sowie die Raumtrenner aus Glas für die bei der PFA (Partner für Fahrzeugausstattung GmbH) in Weiden aus alten Schnellzugwagen umgebauten InterRegio-Wagen hergestellt.

Der nun folgende Abschnitt bietet kaum spektakuläre Ausblicke in die Landschaft. Für einen kurzen Augenblick wird am Haltepunkt Luhe die dörfliche Ruhe durch die Vorbeifahrt des Zuges unterbrochen. Das Backsteingebäude wurde schon vor vielen Jahren seiner angestammten Aufgabe enthoben und dient heute als Wohnhaus. Kurz darauf wird der besetzte Bahnhof Luhe-Wildenau durcheilt, um wenig weiter abermals die noch recht neue Autobahn zu unterqueren, die die Landschaft des Naabtals nachhaltig verändert hat. Bis Wildenau sind wir der Naab aufwärts gefolgt, die hier durch den Zusammenfluß von Heide- und Waldnaab entsteht. Nun folgen wir bis Windischeschenbach dem Lauf der Waldnaab, auf die wir jedoch erst wieder bei Neustadt treffen werden.

Nach Weiden hin wird die Landschaft nun wieder

offener. Jene Zeiten, als der nun zur Rechten vorüberziehende Ort Rothenstadt über einen eigenen Bahnhof verfügte, gehören seit langem der Vergangenheit an. Noch bevor es nach Weiden hineingeht, treffen wir auf der Höhe eines imposanten Fabrikgebäudes auf die aus westlicher Richtung von Neukirchen (b Sulzbach-Rosenberg) auf die Hauptbahn stoßende Verbindung (KBS 871). Die ausgedehnten Gleisanlagen lassen darauf schließen, daß Weiden ein weiterer bedeutender Knotenbahnhof der mittleren Oberpfalz ist. Neben der Strecke nach Neukirchen (b Sulzbach-Rosenberg) zweigt hier auch die Linie nach Bayreuth (KBS 865) ab.

Wenn nicht gerade lange Wagenreihen die Sicht versperren, hat man bei der Vorüberfahrt des Zuges einen schönen Blick auf das ehemalige Bahnbetriebswerk von Weiden mit seinen beiden Ringlokschuppen. Ihre Selbständigkeit verlor die Einrichtung zum selben Zeitpunkt wie das Bw Schwandorf, als es am 1. Juni 1986 dem Bw Hof angegliedert wurde. Das Bw Weiden kann sich rühmen, zusammen mit dem Bw Kirchenlaibach als letztes oberpfälzer Bahnbetriebswerk am 7. Dezember 1975 dampffrei geworden zu sein.

Nicht nur der Status eines Knotenpunktes mit ehedem eigenem Bahnbetriebswerk hat Weiden zur Eisenbahnerstadt werden lassen, sondern im besonderen Maße die im Jahre 1896 in Betrieb genommene Zentralwerkstätte. 1965 wurde die Dampflokomotivausbesserung aufgegeben. Zuletzt wurden die Baureihen 38, 44, 50, 64 und 86 unterhalten. Danach war das AW Weiden im wesentlichen für die Güter- und Bahndienstwagenunterhaltung zuständig. Zu Beginn der achtziger Jahre wurde über die Schließung des Ausbesserungswerkes nachgedacht. Von den ehemals 3649 Arbeitsplätzen im Jahre 1950 waren bis 1982 nur

Einen ausgesprochen langen Nahgüterzug galt es am 8. August 1983 zwischen Nabburg und Schönsee (Oberpf) für die 211 201 zu befördern, die am Zugschluß durch die 211 320 unterstützt wurde (Aufnahme bei Schwarzach).

Unweit von Nabburg kommen die 218 214 und 228 mit dem D 308 München–Berlin an der Anschlußstelle Stulln vorbei (29. September 1984).

Am 23. Dezember 1981 oblag es der 211 202 (Bw Schwandorf), den N 5922 nach Weiden zu bringen; hier bei der Ausfahrt aus Nabburg.

noch 1638 übriggeblieben. Obwohl sich das bayerische Wirtschaftsministerium gegen die Schließung des Werkes ausgesprochen hatte, beschloß der DB-Verwaltungsrat mehrheitlich im Juli 1984 diesen Schritt. Zugunsten der strukturschwachen Oberpfalz konnte doch noch der Fortbestand des Werkes durchgesetzt werden. Aus dem ehemaligen AW Weiden ist dann bis Mitte des Jahrzehnts die bereits erwähnte PFA entstanden, die mit einem Ausbesserungswerk im herkömmlichen Sinne nichts mehr zu tun hat. Die alten Werksanlagen sind schon lange dem Erdboden gleichgemacht. Heute entstehen hier in modernen Produktionsstätten u.a. aus alten Schnellzugwagen die neuen InterRegio-Wagen, aus denen letztlich auch unser Zug gebildet ist.

Die längste Nebenbahn der Oberpfalz

Fast unmerklich haben wir vorbei am PFA-Gelände den Bahnhof und die Stadt hinter uns gelassen, um gleich auf den Keilbahnhof Neustadt (Waldnaab) zu treffen, der außerhalb der namengebenden Ortschaft auf Altenstädter Gebiet liegt. Noch vor dem Empfangsgebäude schwenkt die Nebenbahn **Neustadt (Waldnaab)–Eslarn** (ex KBS 858) nach rechts ab. In Sichtweite wird die Waldnaab mit einer stattlichen Brücke überquert. Erst im Jahre 1984 wurde die altersschwach gewordene Brücke durch eine Neukonstruktion ersetzt. Außerdem wurde die gesamte Strecke überarbeitet, was den Niedergang dieser einstmals längsten oberpfälzischen Nebenbahn zwar verzögerte, aber nicht aufhalten konnte.

Zuerst „erwischte“ es die nur 6,2 km lange Stichbahn **Floß–Flossenbürg** (ex KBS 425d). Nach nur 20 Betriebsjahren endete hier der erst im Jahre 1939 aufgenommene Personenverkehr am 31. Mai 1959. Durch den unaufhaltsamen Rückgang der Frachtraten wurde schließlich am 28. Mai 1972 die Gesamtstillegung vollzogen. Ein allzu langes Leben war nun auch dem größten Teil der Eslarner Bahn im Personenverkehr nicht mehr beschieden, als dieser drei Jahre später, am 1. Juni 1975, zwischen Floß und Eslarn eingestellt wurde. Die Bahn mußte ihren Tribut dem dünn besiedelten Oberpfälzer Wald zollen, wo sich jede Abwanderung der Fahrgäste auf die Straße zwangsläufig nachhaltig auswirkte. Der nun verbliebene Personenverkehr zwischen Weiden und Floß konnte sich allen Unkenrufen zum Trotz noch erstaunlich lange halten. Er wurde erst 17 Jahre später, am 30. Mai 1992, aufgegeben. Zwischenzeitlich sah es auch um den Güterverkehr alles andere als rosig aus, wurden doch nur noch die Gütertarifpunkte Vohenstrauß und Eslarn bedient. Der Bahnhof Floß mit seinen recht umfangreichen Gleisanlagen konnte somit bis auf das Durchfahrgleis zurückgebaut werden. Schließlich ist es gekommen, wie es kommen mußte: Am 22. Mai 1993 erfolgte die Gesamteinstellung des Abschnitts Vohenstrauß–Eslarn. Unter den alles andere als günstigen Vorzeichen ist die Aufgabe des Restbetriebs wohl nur noch eine Frage der Zeit.

Nun wollen wir uns wieder den angenehmeren Seiten der Bahn zuwenden und die bevorstehende Fahrt entlang dem schönsten Teilstück der Hauptbahn genießen. Wechselten die Bilder bisher zwischen offener Landschaft und dichter Stadtbebauung, führt der Weg von Neustadt bis Wiesau zum Teil durch weitgehend unberührte Landschaft. Zahlreiche Windungen der Waldnaab werden von der Bahn durch Brücken abgekürzt, und dennoch gestaltet sich die Fahrt durchs Tal sehr kurvig. Inmitten des unter Naturschutz stehenden Waldnaabtals befand sich einmal der schon Anfang der sechziger Jahre aufgelassene Haltepunkt Lampelmühle, auf dessen einstige Existenz man nur noch beim Wälzen alter Kursbücher stößt, da vor Ort nichts mehr daran erinnert. In der Abgeschiedenheit der Flußlandschaft entdecken wir nur beim Blick über die Schulter das hoch oben gelegene Dorf Wurz. Erst in Windischeschenbach, der kleinen Stadt am Zusammenfluß von Wald- und Fichtelnaab, treffen wir wieder auf die erste Ansammlung von Häusern. Das Fabrikgebäude einer Porzellanmanufaktur gegenüber dem Bahnhof weist den ankommenden Reisenden gleich darauf hin, welcher Industriezweig das Wirtschaftsleben im Ort bestimmt. Überregional bekannt wurde Windischeschenbach durch das tiefste Bohrloch der Welt. Am Nordkopf

wird der Bahnhof von der auf schroffen Felsen ruhenden Burg Neuhaus überragt. Einige Kilometer nördlich, bei Naabdemenreuth, nimmt der Zug aus einer Senke heraus Schwung, um den Anstieg zum Bahnhof Reuth (b Erbendorf) zu meistern. Hier zweigt die 6,5 km lange Nebenbahn **Reuth (b Erbendorf)–Erbendorf Nord** (ex KBS 425f) ab. Über die kurze Stichbahn gibt es nur so viel zu vermelden, daß der Personenverkehr am 28. Mai 1972 aufgegeben wurde und der verbliebene Güterverkehr derzeit nicht zur Disposition steht. Nach der Umstellung von der Dampf- auf die Dieseltraktion oblag die Bespannung der Personenzüge bis zur Einstellung einer Kleinlok. Noch heute wird die Stichbahn von Kleinloks der Reihe 332/333 des Bw Hof befahren. Montags bis freitags wird die Strecke durch die Übergabe 68954/55 (Reuth ab/an 11.15/12.58 Uhr) bedient.

Die in Wiesau abzweigenden Nebenbahnen

Am östlichen Rand des Naturparks Hoher Steinwald führt die Fahrt des IR 2602 durch eine ausgesprochen schöne Ferienlandschaft. Dem nun folgenden Bahnhof Wiesau (Oberpf) möchte man schon des ansehnlichen Empfangsgebäudes wegen einen Halt des InterRegio zubilligen. Aber weit gefehlt, den nächsten Aufenthalt sieht der Fahrplan erst in Marktredwitz vor. Ungeachtet dessen wollen wir die beiden von Wiesau ausgehenden Nebenbahnen keinesfalls links liegen lassen.
Ein besonderes Schicksal widerfuhr der Nebenbahn **Wiesau (Oberpf)–Waldsassen** (ex KBS 855). Bis zum Ende des Zweiten Weltkrieges führte die Linie über Waldsassen hinaus bis Eger. Durch den „Eisernen Vorhang“ wurde die einstige Hauptbahn abrupt unterbrochen. Im Sommer 1939 gab es auf der Strecke noch die Verbindung des D 422/423

Winterstimmung an der Naab: An Silvester 1981 befördert ausnahmsweise die 217 020 den N 5922, der sogleich in Pfreimd eintreffen wird.

Im Bahnhof Luhe-Wildenau stiebt am 27. Dezember 1981 der E 3368 Hof–Schwandorf durch den Schnee.

Noch bis vor kurzer Zeit waren die Hofer Schienenbusse selbst auf der Hauptbahn zwischen Weiden und Schwandorf unverzichtbar. Südlich von Weiden bildete am 25. Oktober 1985 der 798 641 den N 5925 nach Schwandorf.

Ein Schienenbus von Weiden nach Floß am 23. Dezember 1985 im Bahnhof Störnstein.

Wiesau–Karlsbad–Wiesau. Trotz des nebenbahnmäßigen Betriebs nach 1945 wurde ihr der Hauptbahnstatus offiziell erst am 25. September 1977 aberkannt. Wenn auch eine Wiedereröffnung des Grenzübergangs von Jahr zu Jahr unwahrscheinlicher wurde, wollte man für alle Fälle gewappnet sein. Schließlich kam auch zwischen Wiesau und Waldsassen mit Beginn des Sommerfahrplans am 31. Mai 1986 das Aus im Personenverkehr. Kaum besser erging es der Nebenbahn **Wiesau (Oberpf)–Bärnau (Oberpf)** (ex KBS 856). Der Niedergang der Bärnauer Bahn läßt wieder einmal die altbekannte „Salamitaktik" erkennen, was nichts anderes heißt, als daß die Strecke scheibchenweise ihrem Ende entgegenrückt. Zunächst war es der Personenverkehr zwischen Tirschenreuth und Bärnau, der mit dem beginnenden Winterfahrplan am 28. September 1975 unwiderruflich zu Ende ging. Als weiteren Schritt hängte man das an der Oberen Waldnaab gelegene Städtchen Bärnau vom Schienennetz ab, indem zwischen Liebenstein und Bärnau am 31. Dezember 1984 der Gesamtverkehr aufgegeben wurde. Der im Juni 1986 im Bahnhof Bärnau aufgenommene Streckenrückbau wurde im Spätsommer bei Liebenstein beendet. Mit Wirkung zum 23. September 1989 verlor dann auch die Kreisstadt Tirschenreuth im Personenverkehr ihren Direktanschluß an die Hauptbahn in Wiesau.

Mit dem Eintreffen im Knotenbahnhof Marktredwitz wollen wir unsere Fahrt mit dem IR 2602 beenden, da wir nun die Oberpfalz hinter uns gelassen haben und uns bereits im Oberfränkischen befinden. Ob nun die Reise mit dem InterRegio über Hof und Leipzig bis Berlin-Lichtenberg fortgesetzt oder in Marktredwitz der nächste Zug in Richtung Eger bzw. Nürnberg bestiegen wird, das bleibt ein jedem selbst überlassen. Freilich kann ohne weiteres auch die Reise zurück nach Regensburg angetreten werden.

Über die alte Waldnaabbrücke bei Neustadt poltert am Vormittag des 18. Mai 1981 der 798 820 (N 6945) nach Floß.

Am 30. Dezember 1982 rangiert die 211 319 im Bahnhof Vohenstrauß. Beachtenswert ist der zweiständige Lokschuppen.

Zwischen Eslarn und Vohenstrauß blieb der 211 319 am 30. Dezember 1982 nur die Beförderung des Begleitwagens.

Bei Naabdemenreuth waren am 3. Oktober 1990 die 132 679 und die 218 201 mit dem zwischen Regensburg und Hof vereint laufenden D 308/D 465 unterwegs.

Am frühen Morgen des 26. Mai 1986 steht der N 5952 im Bahnhof Wiesau (Oberpf) zur Abfahrt bereit.

Auf der Strecke Wiesau–Waldsassen wurde der Personenverkehr bis zur „Angebotsumstellung“ allein durch den Schienenbus bestritten. Am 26. Mai 1986 bedient der N 6975 (798 661) noch den Bahnhof Steinmühle.

Im Bahnhof Tirschenreuth wartet am 18. Mai 1981 der 798 660 die Rückfahrt nach Wiesau (Oberpf) ab.

6 Rundreise durch die nördliche Oberpfalz

Neben Schwandorf ist Weiden der wichtigste Eisenbahnknotenpunkt im Herzen der Oberpfalz. Außer der guten Anbindung durch die Hauptdurchgangslinie München–Regensburg–Hof–Berlin ist Weiden über die eingleisige Hauptbahn nach Neukirchen (b Sulzbach-Rosenberg) (KBS 871) und darüber hinaus an das Verkehrskreuz Nürnberg angebunden. Zudem ist Weiden als Mittelpunkt der nordöstlichen Oberpfalz durch die KBS 865 auf direktem Weg mit der Richard-Wagner-Festspielstadt Bayreuth verbunden. Als Tor zum Oberpfälzer Wald, wie sich Weiden gern nennt, wird die Stadt hinsichtlich ihrer Schienenverbindung dorthin nicht mehr gerecht. Fahrten mit dem Personenzug nach Floß oder gar weiter bis Eslarn sind längst passé. Dennoch hat die Eisenbahn in Weiden wie in vielen anderen Städten der Oberpfalz gerade in jüngster Vergangenheit durch günstige Verbindungen erheblich an Attraktivität gewonnen. Angebote wie der InterRegio, die RegionalSchnellBahn mit dem Einsatz des „Pendolino“ sowie die Dieseltriebwagen der Reihe 628.4 haben die Eisenbahn in der Oberpfalz aus dem „Dornröschenschlaf“ erwachen lassen. Freilich hat der Umbruch im Osten seinen Teil dazu beigetragen, daß heute ein vollkommen verändertes Bild des schienengebundenen Personenverkehrs vorzufinden ist. Wer hätte vor nicht allzulanger Zeit an eine derartige Entwicklung ausgerechnet in Ostbayern geglaubt, machte die Eisenbahn hier doch nur durch Negativschlagzeilen stillzulegender Strecken auf sich aufmerksam.

Bevor wir uns jedoch mit dem NeiTech-Triebwagen der Reihe 610 auf den Weg in Richtung Neukirchen begeben, geht es zuvor noch in das nahe Zentrum der Max-Reger-Stadt. Auf dem Weg in die Altstadt bietet das Stadtbild einen interessanten Kontrast. Zunächst ist das moderne Weiden mit seinen Betrieben der Glas-, Porzellan- und Webwarenindustrie bestimmend. Erst in der altertümlichen Altstadt wandelt sich plötzlich das Gesicht der Stadt. Der langgestreckte Marktplatz mit den beiderseitigen Giebelhäuserzeilen aus dem 16. bis 18. Jahrhundert und dem mittendrin plazierten gotischen Rathaus bildet ein sehenswertes Ensemble. Der Untere Markt besticht durch die seltene Geschlossenheit der Renaissance-Bürgerhäuser mit ihren für die Oberpfalz typischen Treppengiebeln.

Anläßlich der Jubiläumsfeierlichkeiten zum 150. Geburtstag der Eisenbahn in Deutschland kam am 27. Juli 1985 die V 80 002 durch den Bahnhof Schwarzenbach (b Pressath).

Neben dem im Alten Schulhaus untergebrachten Stadtmuseum mit den beiden Max-Reger-Zimmern sowie dem Max-Reger-Haus und -Denkmal erinnern besonders die alle zwei Jahre abgehaltenen „Weidener Musiktage“ an den großen Komponisten. Der gebürtige Oberpfälzer Max Reger (1873 bis 1916) hat zwar in Brand (bei Kemnath) das Licht der Welt erblickt, wurde aber der berühmteste Sohn der Stadt. Im Elternhaus in Weiden entstand eine Fülle großer Werke seiner ersten Schaffensphase. Max Reger gilt als einer der bedeutendsten Komponisten seiner Zeit. Zudem wird am Unteren Tor dem bayerischen Handelsminister Gustav von Schlör mit einem Gedenkstein gedacht, dem die Stadt den Anschluß an die Eisenbahn verdankt.

Am Ende des ausgedehnten Rundgangs durch das alte Weiden mit den vielen Sehenswürdigkeiten ist dann sehr schnell wieder der zentral gelegene Bahnhof mit seinem imposanten Gebäude erreicht. In dem auffallend großen Erweiterungsbau mit den beiden Eckbauten residierte einst das Oberbahnamt. So gar nicht einfügen will sich dagegen das gleich nebenan stehende Gebäude des Drucktasten-Stellwerks aus dem Jahr 1967. Ansonsten bestimmen hier die Fahrzeuge der „Neuen Bahn“ das Geschehen an den Bahnsteigen.

Wir begeben uns zur abfahrbereiten Regional-SchnellBahn mit der Zug-Nr. 3548, die uns nach Neukirchen (b Sulzbach-Rosenberg) bringt. Mit dem Zug wollen wir eine unkonventionelle Rundreise durch die nördliche Oberpfalz antreten. Über Neukirchen und Hersbruck, das Pegnitztal aufwärts, und weiter über Kirchenlaibach, werden wir nach genau viereinhalb Stunden wieder in Weiden eintreffen. Eine Minute nach Zwölf setzt sich unser „Pendolino“ in Fahrt und rollt zunächst eine ganze Weile parallel zu dem nach Regensburg führenden Streckengleis. Nach dreiminütiger Fahrt schwenkt

In Weiherhammer konnte am 27. Dezember 1981 der 798 664 (N 6561) festgehalten werden.

die Strecke bei Ullersricht von der KBS 885 in westlicher Richtung ab. In Ullersricht hielten bis 29. September 1979 planmäßig die Nahverkehrszüge. Auf dem nun vor uns liegenden Abschnitt bis zum nächsten Halt in Vilseck geht es durch relativ flaches Land. Die folgenden Orte Etzenricht und Weiherhammer werden mit Ausnahme von Vilseck wie alle übrigen Bahnhöfe und Haltepunkte nur noch von den im Wechsel mit der RSB laufenden Nahverkehrszügen bedient. Der an eine S-Bahn-Station erinnernde Bahnhof von Weiherhammer wurde erst im Zuge des Streckenausbaus von seinem ursprünglichen Standort um etwa 300 m zum Ort hin verlegt. Um zwischen Weiden und Neukirchen (b Sulzbach-Rosenberg) kürzere Fahrzeiten zu erzielen, wurde die einstige Nebenbahn in fünfjähriger Bauzeit bis zum 30. September 1973 in eine eingleisige Hauptbahn umgebaut. Das ursprüngliche Nebenbahntempo mit einer Höchstgeschwindigkeit von 60 km/h konnte auf bis zu 120 km/h angehoben werden. Zuvor waren jedoch erhebliche Anpassungsarbeiten notwendig, wie Gleiskorrekturen, Sicherung der Bahnübergänge und moderne Zugsicherungstechnik. Alles in allem kostete der Umbau seinerzeit 12 Mio. DM und brachte zwischen Weiden und Nürnberg eine Fahrzeitverkürzung von etwa 20 Minuten. Für den „Pendolino“ ist es daher heute ein leichtes, die Strecke auf längeren Abschnitten mit der zulässigen Höchstgeschwindigkeit zu befahren.

Westeuropas größter Truppenübungsplatz

Immer wieder kommen wir an Baggerseen und Weihern vorüber. Röthenbach (Oberpf), Thansüß und Freihung sind weitere Unterwegshalte für die Nahverkehrszüge. 5 km westlich von Freihung bestand bis zur Umstellung auf den Hauptbahnbetrieb am 30. September 1973 noch der Haltepunkt

Als am 31. August 1985 der N 6563 Weiden–Neukirchen durch den Bahnhof Schönlind (Oberpf) rollt, war er bereits aufgelassen.

Langenbruck. In Vilseck legt die RSB 3548 ihren einzigen Zwischenhalt bis Neukirchen ein. Unweit des Bahnhofs führt ein 2,17 km langes, 1939 von der Wehrmacht gebautes Anschlußgleis zum nahen Truppenübungsplatz. Wir befinden uns nämlich an der Südseite des riesigen Grafenwöhrer Truppenübungsplatzes, der das Gebiet zwischen Auerbach, Kirchenthumbach, Grafenwöhr und Vilseck beansprucht. Entstanden ist das Gelände in den Jahren 1908/10; es wurde dann 1937 erweitert, wodurch zahlreiche Ortschaften umgesiedelt werden mußten. Auf der Strecke sind daher oft Militärzüge anzutreffen, die allerdings zumeist über Weiden und Pressath nach Grafenwöhr durchlaufen. Wer vom lauten Grollen am Horizont aufgeschreckt wird, braucht sich nicht zu wundern, dann wird wieder einmal auf dem Truppenübungsplatz scharf geschossen. Bei entsprechender Wetterlage dringt die „kriegerische“ Geräuschkulisse weit in das Land hinaus. Als beim Anfahren in Vilseck wieder der triebwageneigene Geräuschpegel steigt, löst sich schnell das beklemmende Gefühl.

Im gleich darauf durchfahrenen Vorort Schlicht gab es vor Zeiten einmal einen Haltepunkt. Nicht besser erging es dem Bahnhof Schönlind (Oberpf) und dem Haltepunkt Großalbershof. Aufgrund fehlender Inanspruchnahme halten dort seit dem 3. Juni 1984 keine Züge mehr. Unter die stark befahrene Bundesstraße 85 hindurch kommen wir an der letzten Ortschaft vor Neukirchen vorbei. Auch in Röckenricht hielten früher die Personenzüge, nur wurde diese Station schon zu Beginn der sechziger Jahre aufgegeben. Der nun folgende Einschnitt, dem sich eine Brücke anschließt, führt uns auf den hohen Damm vor Neukirchen. Rechts unten liegt der Ort, während linkerhand oberhalb die Strecke von Schwandorf verläuft, worüber wenig später auch die RSB 3518 in Neukirchen eintrifft. Beide Züge werden dann bis Nürnberg vereint fahren.

Neukirchen ist erreicht

Vor dem Stadtbild von Neukirchen (b Sulzbach-Rosenbach) kommt am 4. Juni 1985 ein dreiteiliger Schienenbus gefahren.

Wir verlassen in Neukirchen den Zug und setzen die Reise um 12.52 Uhr bis Hersbruck links der Pegnitz mit einem Triebwagen der Reihe 614 fort. Seit der Einführung der RSB ist es leider nicht mehr möglich, auf direktem Weg nach Hersbruck rechts der Pegnitz zu gelangen, wohin wir aber müssen. Die Verbindung von Pommelsbrunn hinüber nach Hersbruck (r Pegnitz) wird seitdem nur noch von der RSB-Zügen genutzt. Bekanntlich laufen diese zwischen Neukirchen und Nürnberg nonstop durch. Also bleibt uns nur ein Fußmarsch von 2 km zwischen den beiden Hersbrucker Bahnhöfen. Um 14.06 geht die Tour von Hersbruck (r Pegnitz) abermals mit der RegionalSchnellBahn (RSB 3577 Nürnberg–Hof) weiter, die bis Pegnitz vereint mit der RSB 3677 nach Bayreuth läuft. In schneller Fahrt wird entlang der Pegnitz durch sieben Tunnels und über zahlreiche Brücken die Bilderbuchlandschaft der Fränkischen Schweiz mit dem „Pendolino" durcheilt. Erst ab Neuhaus (Pegnitz) verläuft die Strecke wieder hart an der Grenze zur Oberpfalz. 3,5 km weiter nördlich von Neuhaus geht es vorbei am aufgelassenen Bahnhof Ranna. Die hier einmal abzweigende Nebenbahn **Ranna–Auerbach (Oberpf)** (ex KBS 421 b) hat auch das Zeitliche gesegnet. Zuerst kam am 31. Januar 1970 das Aus im Personenverkehr. Im selben Jahr verlegte die Maxhütte den Erztransport von Auerbach nach Sulzbach-Rosenberg auf die Straße. Der nun verbliebene, spärliche Wagenladungsverkehr war in den Folgejahren weiter rückläufig, so daß die zum Schluß nur noch sporadisch bediente Strecke am 22. Mai 1982 für den Gesamtverkehr eingestellt wurde.

Fünf Minuten später kommen wir schon im Bahnhof Pegnitz an. Hier werden die Züge getrennt, und die vordere Garnitur begibt sich sogleich auf die Weiterfahrt nach Bayreuth. Im Blockabstand von 5

Minuten fährt unser Zug hinterher; erst in Schnabelwaid trennen sich die Wege der beiden Züge. Bei Engelmannsreuth tritt die KBS 865 Pegnitz–Marktredwitz in den oberpfälzischen Regierungsbezirk ein, den die Strecke erst bei Waldershof kurz vor Marktredwitz wieder verläßt. Der 41,5 km lange Abschnitt der Fichtelgebirgsbahn zwischen Engelmannsreuth und Waldershof gehört somit zum „Eisenbahnrevier Oberpfalz".

Knotenbahnhof Kirchenlaibach

Um 14.49 Uhr sind wir in der kleinen Eisenbahnerstadt mit dem Knotenbahnhof Kirchenlaibach angelangt. Bis zur Weiterfahrt mit dem N 7537 Bayreuth–Weiden bleibt nun bis 16.00 Uhr Zeit, sich in der näheren Umgebung umzusehen. Ähnlich wie in Schwandorf gelangt man über einen langen Fußgängersteg quer über die weitläufigen Gleisanlagen zum Standort des ehemaligen Bahnbetriebswerkes. Bald nach der Aufgabe der Dampflokunterhaltung Ende 1975 wurde die Bw-Anlage dem Erdboden gleichgemacht. Kurz vor dem Ende des Dampfbetriebs in Kirchenlaibach gingen noch alle 050–053 mit Wirkung vom 1. Januar 1974 buchmäßig auf das Bw Bayreuth über. Aufgrund des rein verwaltungstechnischen Vorgangs änderte sich am Einsatz der Dampflokomotiven nichts, nur daß Kirchenlaibach fortan als Bw-Außenstelle firmierte.

An dieser Stelle sei auch an die früher zwischen Kirchenlaibach und Marktredwitz von der Fichtelgebirgsbahn abzweigende Nebenbahn **Neusorg–Fichtelberg** (ex KBS 846) erinnert. Der Personenverkehr fiel am 30. Mai 1976 der großen Stillegungswelle in der Oberpfalz von 1975/76 zum Opfer. Für den Güterverkehr kam das Aus in zwei Etappen: 30. September 1984 Brand–Fichtelberg sowie am 31. Dezember 1984 Neusorg–Brand. Der Gleisabbau war im April 1986 beendet.

Zwischenzeitlich ist der aus einer 628.4-Garnitur gebildete N 7537 aus Bayreuth eingetroffen. Die Bahn führt uns bis Weiden – wie für die Oberpfalz nicht anders zu erwarten – durch ein recht ländliches Gebiet. Größter Unterwegsbahnhof ist Pressath, bis wohin die Linie landschaftlich besonders ansprechend ist. Östlich des am 27. Mai 1990 aufgelassenen Haltepunkts Guttenthau befindet sich ein einsam gelegener Schrankenposten. In Kemnath-Neustadt ist der erste Halt vorgesehen, von wo es weiter nach Trabitz geht. Der Bahnhof Trabitz verfügt noch über Formsignale. In der Oberpfalz ist das Lichtsignal weiter auf dem Vormarsch und wird über kurz oder lang die alten Signalanlagen abgelöst haben. Der Zwang zu weiteren Rationalisierungsmaßnahmen unter dem Vorzeichen der Deutschen Bahn AG wird diesen Trend wohl noch verstärken. In Trabitz stoßen wir zudem auf einen weiteren besetzten Schrankenposten, wie man sie mittlerweile nur noch selten vorfindet. Dieses Relikt aus der Zeit der guten alten Eisenbahn wird es in der Oberpfalz bald nicht mehr geben. Anstelle der besetzten Posten treten automatische Halbschrankenanlagen, und teilweise werden die Bahnübergänge ganz durch Brückenbauwerke ersetzt. Jüngstes Beispiel ist die Auflassung des Bahnübergangs beim Haltepunkt Weiding im Zuge der KBS 875. Dort wurde der einsam auf weiter Flur an einer unbedeutenden Landstraße gelegene Bahnübergang durch eine kostspielige Brücke abgelöst.

Kurz vor dem Bahnhof Pressath treffen wir in Höhe des Stellwerks auf den Abzweig der ehemaligen Nebenbahn **Pressath–Kirchenthumbach** (ex KBS 421 d). Heute wird noch die Teilstrecke bis Grafenwöhr bzw. Grafenwöhr Lager als Anschlußbahn zum dortigen Truppenübungsplatz genutzt. Bei Manövern geht es durch die dann verkehrenden Militärzüge zwischen Pressath und Grafenwöhr hoch her. Zwischen Grafenwöhr und Kirchenthumbach endete der Personenverkehr am 1. Juli 1962, gefolgt von der Gesamteinstellung am 31. Mai 1969 zwischen Eschenbach und Kirchenthumbach, was wiederum den Abriß bis Mai 1971 nach sich zog. Auf der im Zusammenhang mit der Erweiterung des Truppenübungsplatzes im Jahre 1910 in Betrieb genommenen 2,67 km langen Stichbahn Grafenwöhr–Grafenwöhr Lager wurde bis 23. Mai 1966 ein bescheidener Personenverkehr aufrechterhalten. Bis dahin lief am Nachmittag von Weiden ein Schienenbus bis Grafenwöhr Lager durch und fuhr nach kurzem Aufenthalt wieder zurück nach Weiden. Am 30. Mai 1976 wurde

In Neukirchen (b Sulzbach-Rosenberg) konnte am 30. Mai 1985 die 211 247 vor einem Zug aus vierachsigen Umbauwagen aufgenommen werden.

Bis heute sind in Neukirchen (b Sulzbach-Rosenberg) die einstmals für die Bahnhöfe der Oberpfalz so typischen hölzernen Bahnsteig-Überdachungen erhalten geblieben.

Wenige Tage nach der Gesamteinstellung der Strecke Ranna–Auecherbach entstand am 31. Mai 1982 die Ansicht beim Bahnhof Auerbach (Oberpf).

Über die Fichtelgebirgsbahn eilt am 3. Oktober 1990 die 132 478 mit dem D 1464 Dresden–Nürnberg bei Kleinwappenöst ihrem Zielbahnhof entgegen.

schließlich zwischen Pressath und Grafenwöhr, der mittlerweile unter der KBS 845 geführten Strecke, der Personenverkehr aufgegeben. Gleichzeitig wurde der Gesamtverkehr zwischen Grafenwöhr und Eschenbach eingestellt.

Immer dicht an der Straße entlang geht es von Pressath weiter bis zum letzten Zwischenstop im Bahnhof Schwarzenbach (b Pressath). Bald darauf führt der Weg durch den einsam inmitten des Manteler Waldes gelegenen Bahnhof Parkstein-Hütten. Der seit dem 3. Juni 1984 nicht mehr im Personenverkehr bediente Bahnhof ist heute hauptsächlich Kreuzungsstation. Bevor wir Weiden erreicht haben, sei noch an den Anfang der sechziger Jahre aufgehobenen Haltepunkt Rupprechtsreuth erinnert. Die letzten 3 km Schienenweg führen uns schließlich quer durch Weiden, bis der N 7537 pünktlich um 16.31 Uhr am Bahnsteig zum Stehen kommt.

Zur Weiterreise gen Süden bietet sich wenig später der IR 2062 Dresden–München/Kempten an. Nach etwas längerem Aufenthalt besteht in entgegengesetzter Richtung auch Anschluß durch den IR 2067 Oberstdorf–Dresden.

Planmäßig brachte die 218 217 am 7. Juli 1991 bei Haindorf den aus nur einem Silberling gebildeten N 5918 von Schwandorf nach Weiden.

Südlich von Pfreimd verläuft die Bahn unmittelbar entlang der Naab. Am Morgen des 7. Juli 1991 kamen hier die 217 017 und 218 239 mit dem D 2063 gefahren.

Die bestens gepflegte 132 537 (Bw Reichenbach) hat am 12. Juli 1991 nördlich von Pfreimd den D 2163 München–Hof am Haken.

Bei Rothenstadt fährt die 218 212 mit dem D 469 München–Zwickau am 3. Oktober 1990 – dem Tag der Deutschen Einheit – in den Abend.

Ein schrilles Pfeifen der 132 durchdringt nördlich von Neustadt die Stille des Waldnaabtals, als am 7. Juli 1991 der D 2007 vorüberfuhr.

Im Endbahnhof von Waldmünchen wartet der 798 817 (Bw Hof) am 31. August 1987 auf die Rückfahrt nach Cham (Oberpf).

Ein in Waldmünchen dem N 7509 beigestellter Güterwagen hatte zur Folge, daß der Schienenbus am 17. September 1987 in der Steigung bei Grub (Oberpf) bereits eine gut zehnminütige Verspätung eingefahren hatte.

Nach der Ankunft im Bahnhof Neunburg vorm Wald drückt die 211 299 (Bw Schwandorf) am 23. August 1982 ihren Zug in ein Anschlußgleis.

Bei minus 12 °C Außentemperatur trifft am 21. Dezember 1981 die 211 201 (Bw Schwandorf) im verschneiten Bahnhof Schönsee (Oberpf) ein.

Bei Berching verlief die mittlerweile abgebaute Nebenbahn nach Beilngries entlang dem alten Ludwigskanal, wo am 19. Mai 1981 noch die 211 263 (Bw Nürnberg Hbf) vor dem N 6437 angetroffen werden konnte.

Gleich drei Lokomotiven waren nötig, um den aus 19 Fad-Wagen bestehenden Kalkganzzug von Vilshofen (Oberpf) nach Schwandorf zum dortigen Braunkohlekraftwerk zu bringen. Mit der 211 028 und 043 an der Spitze sowie der schiebenden 211 306 war das Gespann am 28. Mai 1985 im Vilstal bei Theuern unterwegs.

Als letzte Tagesverbindung nach Regensburg verläßt am 13. Oktober 1983 der 798 660 als N 6936 Falkenstein.

Nur mit einem Güterzug-Begleitwagen befand sich am 11. August 1982 die 212 218 (Bw Plattling) auf der Fahrt nach Falkenstein.

7 Triebfahrzeug-einsätze in der Oberpfalz

Noch zu Beginn der siebziger Jahre war Nordostbayern eine der letzten Dampflokhochburgen der Deutschen Bundesbahn. Die Dampflokomotiven der Bahnbetriebswerke Schwandorf, Weiden, Kirchenlaibach, Hof und Nürnberg Rbf waren besonders im Güterzugdienst noch unverzichtbar. Klammert man die elektrifizierte Hauptbahn von Nürnberg nach Regensburg aus, konnte noch auf beinahe allen oberpfälzischen Strecken die Dampftraktion angetroffen werden. Noch sorgten die Baureihen 001, 044, 050–053, 064 und 086 für ein buntes Treiben. Mit Ausnahme der 044 und 050–053 fanden die übrigen Baureihen hier sogar ihre letzten Einsätze auf DB-Gleisen.

Die Bahnbetriebswerke Schwandorf und Weiden

Schon aufgrund der Lage im Herzen der Oberpfalz beschränkten sich die Triebfahrzeugeinsätze der Bw Schwandorf und Weiden fast ganz auf das Streckennetz der Region. Die wichtigsten Wendepunkte waren Regensburg, Furth im Wald, Nürnberg, Bayreuth und Hof. Im Laufe der Jahre beheimateten die beiden oberpfälzischen Dienststellen die unterschiedlichsten Gattungen der ehemaligen Bayerischen Staatsbahn, bevor hier preußische Lokomotiven und die Einheitsbaureihen Einzug hielten. Beim Bw Schwandorf waren es die bay. B XI (36^{7}), P 3/5 N/H (38^{0}/38^{4}), C IV (53^{80}), G 3/4 (54^{15}), G 5/5 (57^{5}) Pt 2/3 (70^{0}), PtL 3/4 (98^{5}), GtL 4/4 (98^{8}) sowie beim Bw Weiden die bay. P 3/5 (38^{4}), G 3/4 (54^{15}), G 5/5 (57^{5}), Pt 2/3 (70^{0}), R 3/3 (89^{8}), PtL 2/2 (98^{3}), GtL 4/4 (98^{8}). Von den preußischen Länderbahngattungen waren es die P 8, G 10, G 12 und T 9^{3}, die sich ab den zwanziger Jahren in der Oberpfalz nützlich machten. Freilich kamen alsbald auch die ersten Einheitsbaureihen hinzu, die jedoch zunächst noch von den auswärtigen Bahnbetriebswerken gestellt wurden. Aber auch hochkarätige Länderbahnmaschinen liefen auf der Magistrale Regensburg–Hof–Leipzig. Das Bw Reichenbach setzte beispielsweise seine 19^{0} bis Regensburg ein. Ab 1926 kamen auch die ersten 02 des Bw Hof vor schweren Schnellzügen nach Regens-

Relikte einer vergangenen Epoche: einständiger Holzschuppen mit Handdrehscheibe. Gesehen am 21. Oktober 1985 im Bahnhof Cham (Oberpf).

burg. Seit 1929 bestritten die 02 im Durchlauf die Relation Regensburg–Hof–Leipzig. Erinnert sei zudem an den Einsatz der beiden Hofer 02^1, die Ende der dreißiger Jahre gleichfalls die Domstadt anliefen. Nicht unerwähnt sollen die 18^4 des Bw Regensburg bleiben, die vereinzelt seit den zwanziger Jahren in Richtung Hof unterwegs waren.

Anhand der Triebfahrzeugbestände der Bw Schwandorf und Weiden im Sommer 1936 wird sehr leicht deutlich, wo jeweils die Einsatzschwerpunkte lagen. Es waren beim Bw Schwandorf beheimatet (in Klammern die vorhandenen Stückzahlen): 38^4 (9), 54^{15} (13), 57^5 (7), 64 (1), 70^0 (5), 86 (1), 89^6 (3), 89^7 (3), 91^3 (1), 98^3 (2), 98^4 (5), 98^8 (7), 98^{10}(3), VT 133/VB 140 (4), beim Bw Weiden: 38^4 (4), 38^{10} (8), 54^{15} (4), 57^5(4), 57^{10} (6), 58^{10} (16), 70^0 (5), 89^6 (2), 89^8 (3), 98^3 (1), 98^4 (4), 98^6(1), 98^{10} (4), VT 133/VT 135 (2), VB 140 (3).

Neben dem Einsatz im leichten Personen- und Güterzugdienst zeichnete das Bw Schwandorf vor allem für die Triebfahrzeuggestellung der umliegenden Nebenbahnen verantwortlich. Dem Bw Schwandorf waren nicht weniger als die zehn Lokomotivbahnhöfe in Amberg, Burglengenfeld, Cham, Furth im Wald, Kötzting, Neukirchen (b Sulzbach-Rosenberg), Nittenau, Rötz, Schönsee und Waldmünchen zugeordnet.

Wie die Baureihen 57^5, 57^{10} und 58^{10} des Bw Weiden verdeutlichen, lag dort die wesentliche Aufgabe bei der Bespannung schwerer Güterzüge auf der Hauptbahn Regensburg–Hof, während der Personenzugdienst eine eher untergeordnete Rolle spielte. Die unterschiedlichen Tenderlokomotiven waren im Rangierdienst bzw. auf den Nebenbahnen rund um Weiden im Einsatz.

Bis zum Einsetzen des zunächst nur bescheidenen Strukturwandels ab Mitte der fünfziger Jahre durch die Neuzuteilung von VT 95/98 änderte sich bei den Dampflokeinsätzen weder an den Aufgabengebieten noch den zu befahrenden Strecken der beiden Bahnbetriebswerke etwas.

Im Gegensatz zu den 52, die bald wieder abgezogen wurden, konnten sich die ebenfalls in den Kriegsjahren zugewiesenen 44 in der Oberpfalz beim Bw Weiden bis zum Ende der Dampflokära etablieren. Ferner hielt in den ersten Nachkriegsjahren die Baureihe 50 sowohl in Schwandorf wie auch in Weiden Einzug. Bis Anfang der sechziger Jahre die ersten V 100 erschienen, bestimmten allein die Baureihen 64, 70^0, 86, 98^3 und 98^{10} auf den Nebenbahnen den Güterzugdienst.

Gerade auf den vielen Nebenbahnen der RBD Regensburg versuchte man bereits in den dreißiger Jahren, dem kostenintensiven Einsatz von

Der Halbrundschuppen mit 23-m-Drehscheibe des Bw Schwandorf (2. Juni 1984).

dampflokbespannten Personenzügen durch die Zuteilung der VT 133 und VT 135 an die Bw Schwandorf und Weiden zu begegnen. Eingesetzt wurden die Triebwagen von Amberg aus nach Lauterhofen, Schmidmühlen und Schnaittenbach, auf den Nebenbahnen nach Waldmünchen, Schönsee, Eslarn und Grafenwöhr sowie zwischen Weiden und Neukirchen (b Sulzbach-Rosenberg). Weiterführende Pläne durchkreuzte schließlich der beginnende Zweite Weltkrieg. Die letzten Vorkriegstriebwagen versahen beim Bw Schwandorf bis Ende 1954 ihren Dienst.

Schienenbusse und V 100 als Vorboten des Struckturwandels

Im Jahre 1953 wurden dem Bw Weiden die ersten vier VT 95 ab Werk zugewiesen. Durch Zugänge von anderen Dienststellen stieg der Bestand bis 1956 auf acht VT 95 an. Von Weiden befuhren die Schienenbusse die Strecken nach Neukirchen (b Sulzbach-Rosenberg), Bayreuth und Eslarn. Regensburger VT 95 übernahmen Dienste auf den Nebenbahnen Regensburg-Wutzlhofen–Falkenstein und Haidhof–Burglengenfeld. Von Ende 1959 bis zum Sommer 1960 wurde zudem das Bw Schwandorf mit dem „Nebenbahnretter" bestückt, allerdings in Form von sieben der neuen zweimotorigen VT 98. Im Frühjahr 1962 gesellte sich noch ein weiterer fabrikneuer VT 98 hinzu. Neben den Einsätzen auf den Linien Amberg–Schmidmühlen, Nabburg–Schönsee, Bodenwöhr Nord–Rötz und Cham–Waldmünchen bzw. Kötzting übernahmen die Schwandorfer Schienenbusse das Gros der Personenzugleistungen zwischen Schwandorf und Furth im Wald. Vereinzelt gab es zudem Fahrten nach Regensburg und Weiden.

Im Januar 1964 hatte sich der VT 98-Bestand beim Bw Schwandorf auf elf und der VT 95-Bestand beim Bw Weiden auf zehn Fahrzeuge erhöht. Bis zur Aufgabe der Schienenbusunterhaltung im Jahre 1976 in Weiden sowie im Jahr darauf in Schwandorf, sollte sich an den Beständen und am Einsatzgebiet wenig ändern. Nur mit der verstärkten Ausmusterung des 795 und der damit einhergehenden Konzentration auf wenige Dienststellen erreichte das Bw Weiden Mitte 1975 kurzzeitig einen Höchstbestand von 16 einmotorigen Schienenbussen.

Im Verlauf eines Jahres erhielt das Bw Schwandorf bis Ende 1962 ab Werk zwölf V 100 überstellt. Allerdings mußten davon drei Maschinen schon im April 1962 abgegeben werden. Bis zur Abgabe der letzten acht 211 am 2. Juni 1984 an das Bw Hof standen im Schnitt etwa zehn Maschinen in Schwandorf zur Verfügung. Einsatzschwerpunkt der V 100 waren Güterzugdienste auf den umliegenden Nebenbahnen. Streckenstillegungen ließen aber das Einsatzgebiet zusehens kleiner werden. Vereinzelt wurden auch Nahverkehrszüge in Richtung Weiden bespannt.

Ebenfalls Anfang der sechziger Jahre gelangte die Baureihe V 60 nach Schwandorf und Weiden und löste die letzten Dampflokomotiven im Rangierdienst ab. Mit der Serienauslieferung der V 160 im Jahre 1965 an das Bw Regensburg übernahm die Dienststelle den hochwertigen Reisezugdienst zwischen Regensburg und Hof sowie Leistungen zwischen Nürnberg und Furth im Wald. Nürnberger V 100^{20} kamen nun vor Personenzügen bis Amberg. Im Jahre 1968 kam für das Bw Regensburg mit der Baureihe 217 noch der Eilzugdienst zwischen Nürnberg und Furth im Wald hinzu.

Nachdem Schwandorf bereits im Juli 1967 den Einsatz der 38^{10} beendete, entfielen mit dem Einsatz der 217 auch die mit Hofer 01 gefahrenen Züge zwischen Nürnberg und Furth im Wald. Weitere Zugänge der Baureihen 217 und 218 beim Bw Regensburg machten bis zum Winterfahrplan 1973/74 den planmäßigen Einsatz der Dampflok im Personenzugdienst fast gänzlich überflüssig.

Weiterhin unverzichtbar waren allerdings die 044 und 050–053 der Bw Schwandorf, Weiden und Kirchenlaibach (seit dem Sommerfahrplan 1973 gehörte Kirchenlaibach als Außenstelle zum Bw Bayreuth, wohin die Dampflokomotiven offiziell am 1. Januar 1974 buchmäßig umbeheimatet wurden). Weidener 044 bespannten weiterhin schwere Durchgangsgüterzüge in der Relation Hof–Regensburg–Hof. Das Bw Schwandorf setzte seine 050–052 vor den Durchgangsgüterzügen zwischen Nürnberg und Furth im Wald/Česka Kubice ein. Der Güterzugdienst über die Steilrampe zwischen Hartmannshof und Neukirchen (b Sulzbach-Rosenberg) lag noch in der Hand der Dampftraktion, der wesentlich vom Montanverkehr zur Maxhütte in Sulzbach-Rosenberg bestimmt wurde. Auf dem Rampenabschnitt galt es zudem noch Schubdienste zu verrichten.

Die Dampflokära geht zu Ende

Am 29. September 1973 bespannte die 001 150 des Bw Hof letzmalig das Nahverkehrszugpaar 3215/3228 Hof–Regensburg–Hof. Die 086 283 des Bw Schwandorf fristete im Winter 1973/74 als Heizlok in Furth im Wald ihr Dasein. Am 18. Mai 1974 beförderte sie zum Abschied den N 4735 Nabburg–Schönsee, um mit dem N 4740 von dort zurück nach Schwandorf zu fahren. Als letzte 086 der DB wurde sie schließlich am 21. Mai 1974 abgestellt.

Die letzten Weidener 064 fuhren bis Anfang 1974 noch recht regelmäßig das Nahgüterzugpaar von Weiden nach Eslarn und zurück. Noch bis Ende September 1974 kam es immer wieder vor, daß die inzwischen letzte aktive 064 der DB für die Baureihe 211 vor Personenzügen nach Eslarn oder Kirchenlaibach/Bayreuth einspringen durfte. Am 1. Oktober 1974 wurde auch die 064 415 abgestellt. Zur Jahreswende 1974/75 kam dann für die Dampflokomotiven bei den Bahnbetriebswerken Schwandorf, Weiden und Bayreuth (Bw-Außenstelle Kirchenlaibach) der große Einbruch. Das Bw Schwandorf setzt von elf vorhandenen 050–052 nur noch fünf Maschinen bei Bedarf ein. Beim Bw Weiden wurden nur noch eine 044 sowie zwei 050–053 planmäßig benötigt; drei weitere 044 standen beim Bw Nürnberg Rbf im Dienst. Mit Beginn des Sommerfahrplans 1975 endete der Dampflokeinsatz des Bw Schwandorf endgültig. Nur bei den Bw Weiden und Bayreuth (Bw-Außenstelle Kirchenlaibach) wurden noch einige Dampflokomotiven für Sonderdienste vorgehalten. Am 7. Dezember 1975 wurde schließlich die BD Nürnberg dampffrei, als die letzten 044 des Bw Weiden sowie die letzten 050 des Bw Bayreuth abgezogen wurden. Die Absicht, den Einsatz kohlegefeuerter Dampflokomotiven bei der Deutschen Bundesbahn in der Oberpfalz auslaufen zu lassen, zerschlug sich durch den weiten Transportweg der benötigten Kohle. Also wurde diese Aufgabe den Ruhrpott-Bahnbetriebswerken Gelsenkirchen-Bismarck (044) und Duisburg-Wedau (050–052) zuteil, schließlich wurde das benötigte „schwarze Gold“ vor ihrer Haustür gefördert.

Mittlerweile abgerissen wurde die zweite Drehscheibe des Bw Schwandorf samt dem älteren Halbrundschuppen, wo am 22. Dezember 1985 noch die 218 215 angetroffen wurde.

Die 217 022 am 7. Juni 1985 auf der Drehscheibe des Bw Schwandorf.

Die BD Regensburg wird aufgelöst

In die „heiße Phase“ des Strukturwandels auf dem Triebfahrzeugsektor fiel auch eine verwaltungstechnisch bedeutende Veränderung. Gemäß Kabinettbeschluß vom 23. Juli 1970 verfügte das Verkehrsministerium in Bonn die Aufhebung von insgesamt sechs Direktionsbezirken, worunter sich auch die BD Regensburg befand. In mehreren Schritten wurden nun die BD Regensburg der BD Nürnberg und ein kleiner Teil im Süden des Bezirks der BD München angegliedert. Zunächst gelangte mit Wirkung zum 1. Januar 1972 das Gebiet um Hof und Marktredwitz nach Nürnberg. Am 31. Mai des Jahres kam dann das Gebiet um Landshut zur BD München. Als weiterer Schritt folgte am 31. Dezember 1974 der Anschluß des Gebietes um Schwandorf und Weiden. Mit der Angliederung des Restbezirks an die BD Nürnberg war am 31. Mai 1976 die Auflösung definitiv vollzogen worden. Eine mit der Oberpfalz eng verbundene Direktion hörte auf zu existieren.

Mit der 1973/74 begonnenen Serienauslieferung des 614 an das Bw Nürnberg Hbf eroberte sich der Dieseltriebwagen als Einsatzschwerpunkt in der Oberpfalz ab dem Sommerfahrplan 1974 die Strecke Nürnberg–Schwandorf–Furth im Wald. Hinzu kamen noch Einsätze auf der Hauptbahn Regensburg–Hof sowie den von Weiden ausgehenden Strecken nach Neukirchen (b Sulzbach-Rosenberg) und Bayreuth.

Seit dem Verschwinden der letzten Dampflokomotiven zeigte sich das Bild bis zur „Wende“ ab 1990 wie folgt. Die Nebenbahn Neumarkt–Beilngries lag bis zu ihrer Stillegung in der Hand der Nürnberger 211/212. Die Übergabe nach Beilngries bespannte in den letzten Jahren eine 332. Auf allen noch im Personenverkehr bedienten Nebenbahnen dominierten die Schienenbusse des Bw Hof. Nur vereinzelt bespannten noch bis Anfang der achtziger Jahre 211 Nahverkehrszüge auf den Nebenbahnen nach Falkenstein und Floß.

Die in Schwandorf eingesetzten 798 (796) des Bw Hof waren auf den Hauptbahnen noch lange Zeit unverzichtbar und konnten erst im Jahre 1993 durch den neuen 628.4 vollends abgelöst werden. Bis dahin liefen sie von Schwandorf aus planmäßig Amberg, Furth im Wald und Weiden an. Nur Regensburg wurde nach der Stillegung der Strecke nach Falkenstein nicht mehr angefahren. Zudem liefen die Schienenbusse noch entlang der Strecke Weiden–Neukirchen.

Zunächst waren es Schwandorfer und nach deren Umbeheimatung Hofer 211, die auf allen noch bedienten Nebenbahnen den Güterzugdienst bestritten. Haupteinsatzgebiet für die Regensburger 217 sind Güterzüge auf der Route Nürnberg–Schwandorf–Furth im Wald. Ansonsten war und ist es die 218 des Bw Regensburg 1, die alle hochwertigen Leistungen erbringt.

Der Einsatz der DR-Baureihe 132 (232)

Schon bald nach der Öffnung der innerdeutschen Grenze kamen 132 der Deutschen Reichsbahn vor Schnellzügen, die nun wieder verstärkt über Hof hinaus fuhren, bis Regensburg. Es war schon ein erhebendes Gefühl, plötzlich den Sound einer Lokomotive aus sowjetischer Produktion in Form der Baureihe 132 wie selbstverständlich am Bahnsteig in Schwandorf, Weiden oder anderswo erleben zu dürfen. Kannte man den „Russendiesel“ doch nur von Besuchen im anderen Teil Deutschlands. Am 30. September 1990, wenige Tage vor der Wiedervereinigung, bespannten erstmals die 132 221 sowie eine 218 gemeinsam den zwischen Regensburg und Hof vereinigten D 308/D 465. Immer häufiger liefen die 132 (232) des Bw Reichenbach auch vor schweren Güterzügen nach Regensburg durch. Bis zur Einführung des InterRegio am 23. Mai 1993 bestimmten die meistens von einer 132 geführten DR-Zuggarnituren mit dem roten Mitropa-Speisewagen das Geschehen im hochwertigen Reisezugdienst auf der Magistrale Regensburg–Hof–Reichenbach. Es wurde fast schon zur Regel, daß die 132 mit den Schnellzügen aus Regensburg in Schwandorf 5 Minuten vor Plan einliefen. Damit wurde die leistungsmäßige Überlegenheit der 132 gegenüber der 218 täglich unter Beweis gestellt. Inzwischen werden die InterRegio ausnahmslos wieder mit der 218 bespannt; wie man hört, haben sich

Auch die Freistände des Bw Schwandorf gibt es längst nicht mehr (31. August 1985).

In der Außenstelle Amberg wartet die 290 295 (Bw Nürnberg 2) am 30. März 1985 auf ihren nächsten Einsatz auf der Nebenbahn nach Schnaittenbach.

die Anwohner über das vor allem beim Anfahren der 232 ertönende Pfeifen beklagt.

Seit dem Einzug der „Neuen Bahn" in Form des 610 bzw. 628.4 ebenfalls ab 23. Mai 1993 hatte der Schienenbus endgültig ausgedient. Lokbespannte Züge mit der 211 sind inzwischen die Ausnahme geworden. Die 211 macht sich jedoch weiterhin vor den Übergabegüterzügen auf den Nebenbahnen nützlich. Den 614 trifft man fast nur noch zwischen Weiden und Neukirchen (b Sulzbach-Rosenberg) bzw. Bayreuth an. Was auf der KBS 870/875 nicht vom „Pendolino" bewältigt wird, wird hauptsächlich vom 628.4 gefahren; lokbespannte Züge sind hier inzwischen eher die Ausnahme. Besonders lohnend ist der Grenzverkehr zwischen Furth im Wald und Česka Kubice, seit dem Sommer 1992 ausschließlich durch tschechische Triebfahrzeuge.

Abschließend sei noch die elektrifizierte Strecke Nürnberg–Regensburg erwähnt. Hier ist mehr oder weniger fast die gesamte Bandbreite der DB-Elloks anzutreffen. Die interessantesten Fahrzeuge sind die 1042, 1044 und 4010 der ÖBB sowie die vom Bw Nürnberg 2 eingesetzten 155 der ehemaligen Deutschen Reichsbahn.

8 Eröffnungs- und Stillegungsdaten der Eisenbahnlinien in der Oberpfalz auf einen Blick

KBS-Nr.	Streckeneröffnungen	
870/875	**Nürnberg–Neukirchen (b S-R)–Furth i Wald**	
	Nürnberg–Hersbruck (l Pegnitz)	09. 05. 1859
	Hersbruck (l Pegnitz)–Schwandorf	12. 12. 1859
	Schwandorf–Cham	07. 01. 1861
	Cham–Furth i Wald–Landesgrenze	20. 09. 1861
885/855	**Regensburg–Schwandorf–Marktredwitz (–Hof)**	
	Regensburg–Schwandorf	12. 12. 1859
	(Schwandorf–)Irrenlohe–Weiden	01. 10. 1863
	Weiden–Wiesau	15. 08. 1864
	Wiesau–Marktredwitz	01. 06. 1882
865	**Weiden–Kirchenlaibach (–Bayreuth)**	01. 12. 1863
855	**Wiesau–Waldsassen**	
	Wiesau–Mitterteich	15. 08. 1864
	Mitterteich–Waldsassen (–Eger)	15. 10. 1865
880	**Nürnberg–Neumarkt–Regensburg**	
	Nürnberg–Neumarkt	01. 12. 1871
	Neumarkt–Seubersdorf	01. 07. 1873
	Seubersdorf–Regensburg	15. 05. 1873
856	**Wiesau–Bärnau**	
	Wiesau–Tirschenreuth	10. 11. 1872
	Tirschenreuth–Bärnau	08. 07. 1903
871	**Weiden–Neukirchen (b Sulzbach-Rosenberg)**	15. 10. 1875
411 g	**Sinzing–Alling**	20. 12. 1875
858	**Neustadt (Waldnaab)–Floß–Eslarn**	
	Neustadt (Waldnaab)–Vohenstrauß	16. 10. 1886
	Vohenstrauß–Waidhaus	16. 08. 1900
	Waidhaus–Eslarn	01. 10. 1908
417 g/871	**Neumarkt–Greißelbach–Beilngries–Dietfurt**	
	Neumarkt–Beilngries	01. 06. 1888
	Beilngries–Dietfurt	11. 09. 1909
417 f	**Greißelbach–Freystadt**	01. 06. 1888

Stillegungen im Personenverkehr		Stillegungen im Gesamtverkehr	
Wiesau–Waldsassen	31. 05. 1986	Waldsassen–Landesgrenze	1945
Wiesau–Tirschenreuth	23. 09. 1989	Liebenstein–Bärnau	31. 12. 1984
Tirschenreuth–Bärnau	28. 09. 1975		
Sinzing–Alling	01. 03. 1967	Sinzing–Alling	01. 06. 1985
Neustadt (Waldnaab)–Floß	30. 05. 1992	Vohenstrauß–Eslarn	22. 05. 1993
Floß–Eslarn	01. 06. 1975		
Neumarkt–Beilngries	26. 09. 1987	Neumarkt–Greißelbach	31. 10. 1991
Beilngries–Dietfurt	01. 08. 1966	Greißelbach–Beilngries	24. 09. 1988
		Beilngries–Dietfurt	28. 05. 1967
Greißelbach–Freystadt	18. 07. 1960	Greißelbach–Freystadt	31. 12. 1977

KBS-Nr.	Streckeneröffnungen		Stillegungen im Personenverkehr	
424 f	**Stadtamhof–Wörth (Donau)**			
	Stadtamhof–Donaustauf	23. 06. 1889	Reg.-Kalkwerke–Wörth (Donau)	02. 10. 1960
	Donaustauf–Wörth (Donau)	01. 05. 1903		
846	**Neusorg–Fichtelberg**	20. 12. 1890	Neusorg–Fichtelberg	30. 05. 1976
876	**Cham–Waldmünchen**	01. 08. 1895		
423 d	**Bodenwöhr Nord–Rötz**			
	Bodenwöhr Nord–Neunburg v Wald	03. 08. 1896	Bodenwöhr Nord–Rötz	14. 12. 1969
	Neunburg v Wald–Rötz	07. 08. 1915		
862	**Amberg–Schnaittenbach**	08. 10. 1898	Amberg–Schnaittenbach	30. 05. 1976
425 b	**Maxhütte-Haidhof–Burglengenfeld**	25. 09. 1899	Maxhütte-Haidhof–Burglengenfeld	01. 02. 1967
423 b	**Amberg–Drahthammer–Lauterhofen**	07. 12. 1903	Drahthammer–Lauterhofen	01. 07. 1962
421 b	**Ranna–Auerbach**	16. 12. 1903	Ranna–Auerbach	31. 01. 1970
421 d	**Pressath–Grafenwöhr–Kirchenthumbach**			
	Pressath–Eschenbach	20. 07. 1904	Pressath–Grafenwöhr	30. 05. 1976
	Eschenbach–Kirchenthumbach	07. 12. 1904	Grafenwöhr–Kirchenthumbach	01. 07. 1962
	Grafenwöhr–Grafenwöhr Lager	01. 10. 1910	Grafenwöhr–Grafenwöhr Lager	23. 05. 1966
859	**Nabburg–Schönsee**			
	Nabburg–Oberviechtach	18. 08. 1904	Nabburg–Schönsee	30. 5. 1976
	Oberviechtach–Schönsee	01. 08. 1913		
423 e	**Bodenwöhr Nord–Nittenau**	05. 11. 1907	Bodenwöhr Nord–Nittenau	24. 05. 1956
425 f	**Reuth–Erbendorf Nord**	01. 10. 1909	Reuth–Erbendorf Nord	28. 05. 1972
423 a	**(Amberg–)Drahthammer–Schmidmühlen**			
	Drahthammer–Ensdorf	01. 05. 1910	Amberg–Schmidmühlen	01. 07. 1966
	Ensdorf–Schmidmühlen	18. 12. 1910		
425 d	**Floß–Flossenbürg**	01. 05. 1913	Floß–Flossenbürg	31. 05. 1959
872	**Regensburg-Wutzlhofen–Falkenstein**	22. 12. 1913	Regensburg-Wutzlhofen–Falkenstein	02. 06. 1984

Stillegungen im Gesamtverkehr

Stadtamhof–Reg.-Reinhausen	18.07. 1933
Reg.-Reinhausen–Reg.-Kalkwerke	31. 05. 1959
Reg.-Kalkwerke–Wörth (Donau)	31. 12. 1968

Neusorg–Brand	31. 12. 1984
Brand–Fichtelberg	30. 09. 1984

Neunburg v Wald–Rötz	14. 12. 1969

Drahthammer–Lauterhofen	01. 04. 1972

Ranna–Auerbach	22. 05. 1982

Grafenwöhr–Eschenbach	30. 05. 1976
Eschenbach–Kirchenthumbach	31. 05. 1969

Lind–Schönsee	02. 06. 1984

Amberg–Vilshofen	28. 05. 1988
Vilshofen–Schmidmühlen	01. 06. 1985

Floß–Flossenbürg	28. 05. 1972

Reg.-Wutzlhofen–Wenzenbach	31. 05. 1986
Wenzenbach–Falkenstein	01. 06. 1985

9 Empfehlenswerte Fotostandpunkte

Generell muß gesagt werden, daß die fortschreitende Vegetation das Fotografieren an der Strecke immer schwieriger werden läßt. Motive, die noch vor ein paar Jahren problemlos eingefangen werden konnten, sind heute nicht selten durch Buschwerk und Bäume verstellt. Angesichts der positiven Aspekte einer üppigen Vegetation nimmt wohl jeder fotografierende Eisenbahnfreund eine solche Entwicklung gern in Kauf. Weniger angenehm erscheinen da vielfach die um sich greifende Zersiedelung sowie der großflächige Landschaftsverbrauch durch neue Industriegebiete an den Peripherien unser Städte, die nicht selten das Landschaftsbild vollkommen verändern. Dennoch bleibt gerade in einer so stark ländlich strukturierten Region wie der Oberpfalz viel „Freiraum“ für ausgedehnte Fototouren. Bei der Auswahl der Fotostandpunkte entlang den im Personenverkehr bedienten Strecken wurde darauf geachtet, das diese mit der Bahn und einem mitgeführten Fahrrad ohne weiteres erreichbar sind. Die in Klammern angegebene Streckenkilometrierung dient dem besseren Auffinden der einzelnen Fotostandpunkte.

KBS 855/885 Hof–Weiden–Schwandorf–Regensburg

1. Zwischen Marktredwitz und Wiesau (Oberpf) verläuft die Strecke entlang dem Naturpark Steigerwald, wo sich etliche ansprechende Motive finden lassen
2. Bahnhof Wiesau (Oberpf), Empfangsgebäude *(km 33,2)*
3. Streckenabschnitt bei Naabdemenreuth; Züge können in ganzer Länge aufgenommen werden *(km 19,5)*
4. Bahnhof Windischeschenbach: Nordeinfahrt mit Burg Neuhaus
5. Zwischen Reuth (b Erbendorf) und Neustadt (Waldnaab) führt die Bahnlinie über zahlreiche Brücken durch das enge, wildromantische Waldnaabtal (Naturschutzgebiet);
   mannigfaltige Fotomotive, möglichst als Tagestour planen
6. Am Ortsrand von Neustadt (Waldnaab) schöner Fotopunkt mit der Pfarrkirche St. Georg

7. Südlich von Weiden unweit der Abzweigstelle der KBS 871: altes Fabrikgebäude als Hintergrundkulisse *(km 83,6)*
8. Bahnhofsdurchfahrt in Luhe-Wildenau
9. Von der Straßenbrücke in Luhe: Zugfahrten (nachmittags aus Richtung Schwandorf) durch den Haltepunkt mit ehemaligem Empfangsgebäude in Backsteinbauweise
10. Bahnhof Wernberg-Köblitz mit Fußgängerbrücke *(km 69,6)*
11. Kurve bei Iffelsdorf: im Hintergrund die Pfreimder Pfarrkirche Mariae Himmelfahrt (km 64,6)
12. Der Abschnitt Pfreimd–Nabburg ermöglicht am Morgen sowie ab dem frühen Nachmittag eine vielfältige Motivwahl
13. Von der Stadtmauer der Nabburger Altstadt ergibt sich ein weitläufiger Blick ins Naabtal *(km 59,2)*
14. Fußgängerbrücke beim Bahnhof Nabburg, die baugleich mit jener in Wernberg-Köblitz ist *(km 58,4)*
15. Vom Feldweg gegenüber dem Bahnhof Nabburg können ausfahrende Züge mit der markanten, auf der Anhöhe gelegenen Altstadt aufgenommen werden *(km 58,2)*
16. Am Südkopf des Bahnhofs Nabburg befindet sich das Einfahrsignal der Nebenbahn von Lind (Oberpf) links vom Gleis (Schachbrettatafel) *(km 57,4)*
17. Südlich vom Bahnhof Irrenlohe: Bahnwärterhaus im Ursprungszustand aus der Zeit der Jahrhundertwende *(km 45,6)*
18. Die über den Bahnhof Schwandorf führende Adenauer-Brücke eignet sich besonders nachmittags als Standort für Züge aus Richtung Furth im Wald und Regensburg
19. Im Bahnhof Schwandorf führt vom Bahnsteig aus ein Fußgängersteg quer über die Gleise zum dortigen Betriebswerk. Schon seiner überdurchschnittlichen Länge wegen bildet dieses „technische Denkmal" (Baujahr 1907) ein lohnendes Hintergrundmotiv
20. Klardorf: Empfangsgebäude im Stil der dreißiger Jahre (keine Reisezughalte mehr)
21. Straßenbrücke beim Bahnhof Maxhütte-Haidhof
22. Nachmittags für Züge aus Richtung Schwandorf: etwa 1,2 km südlich vom Bahnhof Maxhütte-Haidhof; Ortsbild von Leonberg im Hintergrund
23. Steinbogenbrücke über den Regen in Regenstauf

ex KBS 858 Neustadt–Vohenstrauß

24. Störnstein: Empfangs- und Nebengebäude
25. Landschaftlich reizvoll ist der Abschnitt zwischen Gailertsreuth und Floß
26. Bei guter Fernsicht: Von der Anhöhe westlich von Floß ergeben sich in der weiten Kurve für Züge in Richtung Neustadt ansprechende Landschaftsmotive mit dem Ort und der Burgruine Flossenbürg im Hintergrund *(km 9,0)*
27. Bahnhof Vohenstrauß mit 2ständigem Rechteck-Lokschuppen

ex KBS 859 Nabburg–Lind

28. Naabbrücke bei Brensdorf
29. Schwarzachbrücke bei Schwarzach
30. Schwarzachbrücke nördlich von Altendorf
31. Schwarzhofen: Eingeschossiges Gebäude in Holzbauweise
32. Von der Anhöhe bei Pertolzhofen: Blick auf die Bahnlinie und den kleinen Ort inmitten der sanfthügeligen Landschaft des Oberpfälzer Waldes
33. Burgruine in Obermurach

ex KBS 862 Amberg–Schnaittenbach

34. Bahnhof Hirschau
35. Östlich von Hirschau überragt der aus weißer Porzellanerde bestehende „Monte Kaolino" weithin sichtbar die Landschaft
36. Endbahnhof Schnaittenbach mit Rechteck-Lokschuppen

KBS 865 Bayreuth–Kirchenlaibach–Weiden

37. Rund um den Bahnhof Pressath
38. Bahnhof Schwarzenbach (b Pressath)
39. Aufgelassener Bahnhof Parkstein-Hütten

KBS 870/875 Nürnberg–Schwandorf–Cham–Furth im Wald

40. Zementwerk beim Bahnhof Hartmannshof *(km 37,2)*
41. In Richtung Nürnberg fahrende Züge vor dem Ortsbild von Etzelwang *(km 42,2)*
42. Einschnitt bei Schönlind (Scheitelpunkt der Strecke) mit alter Feldwegbrücke *(km 47,3)*
43. Östlich von Schönlind: Blockstelle Mainshof *(km 49,9)*
44. Steigungsabschnitt bei Seidersberg vor dem Stadtpanorama Sulzbach-Rosenbergs *(km 53,0)*
45. Bahnhof Sulzbach-Rosenberg, Empfangsgebäude *(km 55,3)*
46. Bahnhof Sulzbach-Rosenberg Hütte mit dem Stahlwerk „Maxhütte" im Hintergrund; hier Zusammentreffen mit den werkseigenen und den DB-Triebfahrzeugen möglich
47. Formsignalgruppe im Bahnhof Luitpoldhütte *(km 64,1)*
48. 5ständiger Ringlokschuppen mit Drehscheibe am Nordkopf des Bahnhof Amberg
49. Einfahrt in den ehemaligen Bahnhof Hiltersdorf von der Straßenbrücke; Züge aus Richtung Amberg *(km 73,4)*
50. Bahnhof Freihöls: Formsignalgruppe mit Stellwerk *(km 80,5)*
51. Bahnhof Bodenwöhr Nord, fotogene Bahnsteigüberdachungen aus Holz *(km 20,2)*
52. Einfahrt in Roding, Stellwerk mit Formsignalen *(km 36,0)*
53. Im Bahnhof Cham (Oberpf) Begegnung mit den Triebfahrzeugen der Regental Bahnbetriebs-GmbH
54. Straßenwegübergang beim Bahnhof Kothmaißling
55. Haltepunkt Weiding von der nahen Anhöhe mit den Ausläufern des Oberpfälzer Waldes; Aufnahmen möglichst mit Teleobjektiv *(km 60,0)*
56. Westlich von Arnschwang verläuft die Bahnlinie vor dem Ortsbild mit der schönen Kirche *(km 61,2)*
57. Signalgruppe am Stellwerk 1 des Bahnhofs Furth im Wald
58. Der Bahnhof Furth im Wald verfügt über ein imposantes Empfangsgebäude
59. Der Abschnitt von Furth im Wald bis zur tschechischen Grenze bietet eine Fülle guter Fotostandpunkte; neben dem Klöpfelsberg-Tunnel ist besonders das Teilstück unweit der Grenze vor den Ausläufern des Bayerischen Waldes (Hoher Bogen, Schwarzriegel) empfehlenswert

ex KBS 423d Bodenwöhr Nord–Neunburg vorm Wald

60. Unweit des Brechpunktes der Strecke besteht die Möglichkeit, die Züge von einem Feldweg aus mit der am Horizont stehenden Kirche von Penting in Szene zu setzten
61. Von der Straßenbrücke in Penting ergibt sich ein schönes Motiv in Vebindung mit dem ehemaligen Empfangsgebäude
62. Oberhalb von Wilbersdorf lassen sich die Züge in einer Kurve sehr schön (besonders an Tagen mit guter Fernsicht) mit der vor den Ausläufern des Oberpfälzer Waldes gelegenen Stadt Neunburg vorm Wald aufnehmen *(km 9,8)*

KBS 871 Neukirchen–Weiden

63. Bahndamm vor dem Ortsbild Neukirchens *(km 1,0)*
64. Zwischen Neukirchen und Vilseck finden sich verstreut ansprechende Landschaftsmotive
65. Bahnhof Vilseck
66. Haltepunkt Thansüß
67. Empfangsgebäude des alten Bahnhofs Weiherhammer *(km 42,4)*

KBS 876 Cham–Waldmünchen

68. Kastenbrücke bei Katzbach
69. Bruchsteingemauertes Bahnhofsgebäude in Geigant
70. Endbahnhof Waldmünchen; Gebäude mit gegenüberliegendem, 2ständigem Rechtecklokschuppen (ohne Gleisanschluß)

KBS 880 Nürnberg–Regensburg

71. Talbrücke bei Deining
72. Aus unterschiedlichen Perspektiven ergeben sich rund um Kleinalfalterbach recht gute Motive

73. Einschnitt bei Batzhausen
74. Laaberbrücke bei Beratzhausen
75. Zwischen Mariaort und Etterzhausen verläuft die Trasse auf einen hohen Damm am Hang
76. Felsentor bei Etterzhausen *(km 7,8)*
77. Donaubrücke bei Mariaort

10 Quellenhinweise

Baedeker's Süddeutschland. Handbuch für Reisende, Leipzig 1906
Bräunlein, Manfred: Ludwigskanal und Eisenbahn. Wege und Irrwege zwischen Main und Donau, Nürnberg 1991
Bufe, Siegfried: Eisenbahn in der Oberpfalz, München 1979
Deutsche Reichsbahn: Die deutschen Eisenbahnen in ihrer Entwicklung 1835–1935, Berlin 1935
Dollhofer, Josef: Das Walhalla-Bockerl. Geschichte der Walhalla-Bahn, Regensburg 1972
Heigl, Peter: Das Falkensteiner Bockerl. Geschichte der Lokalbahn Regensburg–Falkenstein im vorderen Bayerischen Wald, Regensburg 1993
Kuhfahl, Andreas/Alteneder, Wolfram: Die Nebenbahnen der BD Nürnberg. Ein Handbuch und Reiseführer, Bonn 1986
Landkreis Schwandorf (Hrsg.): Unser Landkreis Schwandorf, Bamberg 1982
von Schlör, Gustav: Die Montanindustrie und die Eisenbahnen der Oberpfalz, München 1861
von Schlör, Gustav: Ueber Secundärbahnen in der nordöstlichen Oberpfalz, Weiden 1881
Salzl, Andreas: 125 Jahre Eisenbahn in Schwandorf 1859–1984, Schwandorf 1984
Ueber die Vermehrung der oberpfälzischen Eisenbahnlinien. Denkschrift des Vilsecker Eisenbahn-Vereins, Amberg 1861
Zeitler, Walther: Eisenbahnen im Bayerischen Wald, Grafenau 1980
Zeitler, Walther: Eisenbahnen in Niederbayern und der Oberpfalz, Weiden 1985

Zeitungen/Zeitschriften (diverse Ausgaben)
Blickpunkt Bahn, Frankfurt (Main)
Eisenbahn-Journal, Fürstenfeldbruck
Lok-Magazin, Stuttgart
Die Lokrundschau, Hamburg
Mittelbayerische Zeitung, Regensburg
Deutsches Kursbuch/Amtliches Kursbuch/Kursbuch